中低压配电网标准化作业指导书

陕西省地方电力（集团）公司　编

U0217604

中国水利水电出版社
www.waterpub.com.cn

内 容 提 要

本书是根据现行的《电力安全工作规程》、《农村低压电气安全工作规程》、《10kV 及以下架空配电线路设计技术规程》、《农村电力网规划设计导则》和《配电线路及设备运行规程》等规程的规定，密切结合中低压配电网生产运行工作实际和运行经验编写的标准化作业指导书。本书以 10kV 电网的相关作业内容为主线（0.4kV 配电网的作业可参照执行），包括了 10kV 及以下线路和设备的勘测设计、施工安装、检修试验、巡视维护、事故抢修及报废拆除等主要作业流程三十六项。

本书可作为中低压配电网管理人员的必备工具书，也可作为生产一线人员从事电气作业的培训教材。

前　　言

　　配电网作业流程标准化管理是提高电网安全生产运行水平的有效途径，也是建设规范化供电所的主要内容，因此实行配电网作业流程标准化、程序化显得尤为重要。

　　陕西省地方电力（集团）公司根据现行的《电力安全工作规程》、《农村低压电气安全工作规程》（DL477—2001）、《10kV及以下架空配电线路设计技术规程》（DL/T5220—2005）、《农村电力网规划设计导则》（DL/T5118—2000）和《配电线路及设备运行规程》等规程的规定，结合中低压配电网生产运行工作实际及运行经验，组织编写了《中低压配电网标准化作业指导书》。本书以10kV电网的相关作业内容为主线（0.4kV配电网的作业可参照执行），包括了10kV及以下线路和设备的勘测设计、施工安装、检修试验、巡视维护、事故抢修及报废拆除等主要作业流程三十六项，可作为中低压配电网管理人员的指导用书，也可作为生产一线人员从事电气作业的培训教材。

本书中每项工作流程所涉及的工作内容，凡是相关规程、规范或标准有明确规定的部分，应严格按规定执行。

本书由李逢春同志负责编写，在编写过程中，得到了宝鸡农电工委的大力支持，还得到了咸阳农电工委、渭南农电工委，眉县、泾阳、三原、周至、澄城等县电力局的大力协助，杨成章、杨彬、史嶙、陈耀民、徐掌恒、王仓继、赵建文、王李娟、王建龙、朱星、冀全明、李文波、王建荣、刘育虎、邹峰、魏拥军、李茜等同志对本书提出了宝贵的修改意见，在此深表谢意。

由于编者水平有限，疏漏或错误在所难免，请各单位在执行过程中加以纠正，并提出修改意见，以便进一步修订完善。

陕西省地方电力（集团）公司

2006 年 6 月

目　　录

前言

一、10kV 及以下线路勘测设计

（一）10kV 及以下线路勘测设计标准作业流程图

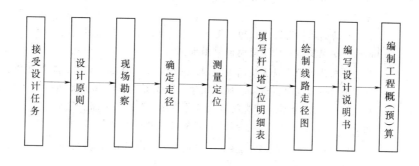

接受设计任务 → 设计原则 → 现场勘察 → 确定走径 → 测量定位 → 填写杆（塔）位明细表 → 绘制线路走径图 → 编写设计说明书 → 编制工程概（预）算

（二）10kV 及以下线路勘测设计标准作业流程

序号	内容	标　　准	参照依据
1	接受设计任务	生产管理部门应以书面下达工程设计任务，设计部门接受设计任务。	
2	设计原则	架空配电线路设计应遵循以下原则： （1）必须全面贯彻国家技术经济政策，尽量采用新设备、新材料，做到技术先进、经济合理、安全适用。 （2）配电线路的设计及走径应符合城镇建设总体规划和新农村建设规划。 （3）应力求供电距离最短、施工维护方便、运行安全可靠、避开危险地段、尽量少占农田、避免机耕困难。	《架空配电线路设计技术规程》
3	现场勘察	设计单位组织设计人员沿着预定的线路走向，调查了解沿线自然环境、气象条件（最高最低气温、最大风速、导线覆冰等）、地质地貌（土质和水位等）、交通道路、交叉跨越（各种线路、铁路、公路、建筑物、种植物等）、村镇规划等，落实线路负荷及用户用电性质等。	
4	确定走径	（1）根据现场情况确定2～3个走径方案，经过分析对比，确定一个最佳方案。 （2）确定始端、终端、转角、耐张杆杆位（注意耐张段的长度不宜大于2km，但也不宜过小，尽量避免孤立档）。在选定的杆位中心砸上木桩，在木桩中心砸上小铁钉以便测量。	《架空配电线路设计技术规程》

序号	内 容	标　　　　　准	参照依据
5	测量定位	（1）根据选定的走径，用经纬仪并配合标杆、塔尺、测绳，排出杆位和档距。 （2）确定直线杆杆位时，先在一个耐张段内确定若干个既定杆位（不宜挪动），再将相邻两个既定杆位之间的距离分配至各档，应注意相邻档距悬殊不宜过大（山区或特殊地形除外）。 （3）在每个杆位应砸上杆位桩和杆号桩，必要时砸上辅助桩（使用底盘的杆位必须砸上辅助桩）。杆位桩应砸在杆坑中心，挖坑时即被挖掉，杆号桩应砸在线路中心线杆坑马道反方向距杆位桩2～3m处，辅助桩应砸在马道一侧距杆位桩2～3m处。杆号桩长度不小于40cm，其上顶四边形边长不得小于4cm，并在杆号桩上部一侧写上杆号。杆号桩露出地面长度10cm为宜，辅助桩不宜露出地面（与地面相平，以免电杆碰压而移动）。 （4）使用经纬仪测量时，经纬仪应尽量架设在转角或始、终端杆杆位桩上。测量时，在转角杆的两侧沿线路方向砸上方向桩，如遇特殊地形（不易看到相邻杆位）的杆位，也应砸上方向桩，并在所有杆号桩、辅助桩、方向桩和架设经纬仪的杆位桩上顶端砸上小铁钉，以提高测量精确度。	

序号	内容	标　　准	参照依据
5	测量定位	（5）测量过程中，应逐基逐档做好测量记录，内容包括杆（塔）号、杆（塔）型代号、档距、左右转角度数、地形高差、交叉跨越（包括各种线路、道路、河流、村庄、建筑物等），被跨越（穿越）物应注明确切名称、电压等级、公路等级等。	
6	填写杆（塔）位明细表	参照输电线路杆（塔）位明细表。	
7	绘制线路走径图	根据测量记录绘制线路地理走径图。按常规方向和一定比例绘制走径图，标明杆（塔）号，转角及方向、交叉跨越（各种线路、道路、村镇、河流等），被跨越（穿越）物应按实际走向绘制在图纸上，以便表示与线路的水平夹角。应注意，杆（塔）型代号、档距和转角度数不宜标在图纸上。	
8	编写设计说明书	设计说明书的内容包括： （1）设计依据、技术标准、工程规模、投资概（预）算等。 （2）采用的杆（塔）型式、导线型号、铁件、金具、拉线、绝缘子规格型号等。 （3）地质地貌、气象条件、沿线环境等。 （4）施工注意事项及需要说明的其他事项。	
9	编制工程概（预）算	根据概（预）算定额编制工程概（预）算，包括材料设备概（预）算和施工安装概（预）算等。	

二、人工立 10kV 及以下线路水泥杆

(一) 人工立 10kV 及以下线路水泥杆标准作业流程图

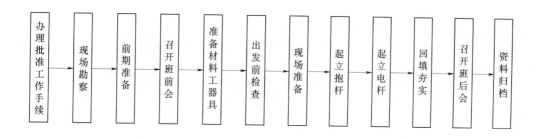

办理批准工作手续 → 现场勘察 → 前期准备 → 召开班前会 → 准备材料工器具 → 出发前检查 → 现场准备 → 起立抱杆 → 起立电杆 → 回填夯实 → 召开班后会 → 资料归档

(二) 人工立 10kV 及以下线路水泥杆标准作业流程

序号	内容	标　　准	参照依据
1	办理批准工作手续	施工班组根据线路电压等级向主管部门提出工作申请，经批准方可进行工作（主管部门应以书面形式批准工作）。	
2	现场勘察	（1）进行较为复杂的电力线路施工作业或相关人员（生产、安全管理人员或工作票签发人和工作负责人）认为有必要进行现场勘察的施工作业，由现场工作负责人组织相关人员（施工技术、安监人员）进行现场勘察，并做好勘察记录。确定现场作业危险点及控制措施，制定现场施工方案。 （2）现场勘察的内容： ①落实施工作业需要停电的范围（停电设备名称及所属单位）、保留带电设备及带电部位。 ②查看施工现场条件和环境（施工运输道路、种植物损毁赔付等）。 （3）根据现场勘察结果，对施工危险性、复杂性和困难程度较大的施工作业项目应编制组织措施、技术措施和安全措施，经本单位主管安全生产领导批准后执行。	《电力安全工作规程》2.2
3	前期准备	（1）熟悉设计图纸资料，联系青苗赔付，组织施工队伍，完成施工概（预）算。 （2）组织人员挖坑运杆，检查确认杆坑位是否正确，坑深是否符合要求，电杆搬运摆放到位，如系非整根杆，应完成焊接或组装任务。	

序号	内容	标　　　准	参照依据
4	召开班前会	施工作业开始前，由现场工作负责人召开全体施工人员会议，进行技术交底和安全交底，分配工作任务。 （1）技术交底。工作负责人向全体施工人员交代施工方案、施工工艺、质量要求、作业注意等事项。 （2）安全交底。工作负责人向全体施工人员交代施工作业危险点及控制措施，该项工作主要的危险点及控制措施是： ①防触电伤害。防止电杆、绳索等触及邻近带电线路。控制措施：A. 邻近线路危及施工安全时应配合停电；B. 确不能停电时应采取其他措施并设专人监护。 ②防高空坠落。控制措施：A. 作业人员登杆前，检查登杆工具是否安全可靠，确认无误后方可登杆；B. 作业人员登杆时做到："脚踩稳、手扒牢、一步一步慢登高，到达位置第一要，安全皮带系牢靠"；C. 安全带应系在牢固可靠的构件上，工作位置转换后，应及时系好安全带。 ③防电杆倾倒伤人。控制措施：A. 立杆过程中始终保持三点（电杆上吊点、抱杆顶和牵引绳）一条线，两侧拉力力求平衡，起吊缓慢平稳；B. 作业人员待电杆回填夯实稳固后方可登杆作业。 ④防高空坠物伤人。控制措施：A. 地勤人员尽量避免停留在杆下；	《电力安全工作规程》 6.2 6.5

序号	内容	标　　准	参照依据
4	召开班前会	B. 地勤人员戴好安全帽；C. 工具材料用绳索传递，尽量避免高空坠物；D. 在繁华闹市区或人口密集地段施工时，施工现场（倒杆距离 1.2 倍区域）应设防护围栏，其他地段必要时设防护围栏，防止围观人等靠近施工现场；E. 在街道或交通要道附近施工时，应设专人警戒、看护并疏导交通，防止行人、车辆靠近施工现场。 　　⑤防电杆挤压伤人。控制措施：电杆起立时杆坑内严禁有人，挪动电杆时防止电杆滚动伤人。 　　⑥防抱杆倾倒伤人。控制措施：A. 保持三点一条线；B. 必要时给抱杆两侧拴上控制绳，抱杆脱落时必须有脱落绳，使抱杆缓慢落地，以防伤人或摔断抱杆。 　　(3) 交代工作任务，进行人员分工，明确专责监护人的监护范围和被监护人及其安全责任等。	《电力安全工作规程》6.2　6.5
5	准备材料工器具	(1) 材料：准备电杆（铁件、绝缘子、金具、拉线、线夹、地锚及附件等备用），要求规格型号正确、质量合格、数量满足需要。 　　(2) 工器具：准备下列工器具，要求质量合格、安全可靠、数量满足需要。	

序号	内 容	标 准	参照依据
5	准备材料工器具	①登高工具：脚扣或踩板、安全帽、安全带等。 ②个人五小工具：电工钳、扳手、螺丝刀、小榔头、小绳等。 ③起重牵引工具：抱杆、钢丝绳（吊点绳）及钢丝绳套、工具U形环、牵引大绳、其它绳索等。 ④其它工具：大榔头、钢锚钎、铁锹、铁镐、铁铲、夯土锤子、木杠、手旗、口哨等。	
6	出发前检查	出发前由工作负责人检查： （1）检查人数、人员精神状态及身体状况。 （2）检查所带材料是否规格型号正确、质量合格、数量满足需要。 （3）检查所带工器具是否质量合格、安全可靠、数量满足需要。 （4）检查交通工具是否良好，行车证照是否齐全。	
7	现场准备	（1）人工立杆必须统一指挥。设总指挥一人，用手旗配合口哨传达指挥信号，指挥人员活动在牵引绳方向，负责指挥两侧控制绳或拉或松。 （2）设副指挥一人，活动在电杆一侧，负责指挥牵引绳和后控制绳或拉或松。 （3）牵引绳上若干人，两侧及后控制绳各3～5人（必要时应打上控制绳锚钎），观察杆根一人，控制抱杆脱落绳一人。	《电力安全工作规程》6.5

序号	内 容	标　　　　　准	参照依据
7	现场准备	（4）起立抱杆时，两侧控制绳上人员负责抬起抱杆，看杆根和控制抱杆脱落绳共两人，分别控制抱杆根部，以防蹬脱。 （5）按照上述分工，分别绑好吊点绳、牵引绳、控制绳，绑好吊点绳脱落绳、控制绳脱落绳、抱杆脱落绳，将抱杆摆放在适当位置并与牵引绳连接。 （6）如采用地面组装，宜将铁件、拉线、针式绝缘子安装在电杆上（抱杆长度取电杆长度的 1/2～3/4 为宜，抱杆根开取抱杆长度的 1/4～1/3 为宜，抱杆起立后初承力时，两抱杆形成的平面对地夹角 60°～70° 为宜）。	《电力安全工作规程》6.5
8	起立抱杆	（1）抱杆起立前，两人各执铁铲扎地抵住抱杆下端，若干人抬起抱杆上端，此时，总指挥下令拉动牵引绳，使抱杆徐徐立起。 （2）总指挥负责将电杆及电杆上的吊点、抱杆顶端和牵引绳方向调整在一条线上，起立过程中应始终保持三点呈一线。	《电力安全工作规程》6.5
9	起立电杆	（1）电杆起立前，总指挥宣布倒杆距离以内不得有人停留。 （2）宣布各部位人员注意，掌握控制绳，以手旗配合口哨发布牵引命令，牵引绳应徐徐进行牵引，不得猛拉猛松。 （3）当电杆杆梢距地面约 80cm 时，应叫停牵引，检查杆根是否在理想	《电力安全工作规程》6.5

序号	内 容	标 准	参照依据
9	起立电杆	位置，检查抱杆受力是否均匀，抱杆脚有无下沉滑动，电杆有无弯曲裂纹等，确认无异常时方可继续牵引。当电杆离地 45°继续立起时，注意抱杆脱落。抱杆脱落时，电杆暂停起立，待抱杆落地，并搬离现场后，继续起立电杆。 （4）当电杆起至与地面夹角 70°左右时，应减缓牵引速度，将两侧控制绳固定在锚钎上，检查调整使杆根在线路中心线上。当电杆起立至与地面夹角 80°左右时，应停止牵引，用控制绳将电杆调整立直。 （5）将电杆校正至竖直后，转动电杆，使杆上横担垂直线路或在线路夹角的二等分线上。	《电力安全工作规程》6.5
10	回填夯实	（1）电杆校正后，分层回填夯实。每回填 300～500mm 夯实一次，并设置防沉土层。土层上部面积不宜小于坑口面积，培土高度应超出地面 300mm。当留有马道时，马道回填土也应夯实，并留有防沉土层。 （2）检查确认电杆直立、回填符合要求后，即可脱落吊点绳和控制绳，立杆作业即告结束或转向下一基。 （3）如需杆上组装，此时可登杆作业。	
11	召开班后会	工作结束后，工作负责人组织全体施工人员召开班后会，总结工作经验和存在的问题，制定改进措施，整理保养工器具。	
12	资料归档	整理完善施工记录资料，移交运行部门归档妥善保管。	

三、吊车立 10kV 及以下线路水泥杆

（一）吊车立 10kV 及以下线路水泥杆标准作业流程图

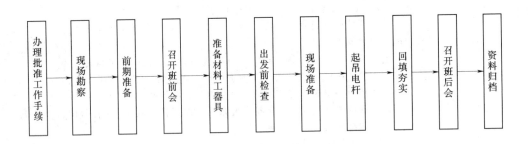

办理批准工作手续 → 现场勘察 → 前期准备 → 召开班前会 → 准备材料工器具 → 出发前检查 → 现场准备 → 起吊电杆 → 回填夯实 → 召开班后会 → 资料归档

（二）吊车立 10kV 及以下线路水泥杆标准作业流程

序号	内容	标　　准	参照依据
1	办理批准工作手续	施工班组根据线路电压等级向主管部门提出工作申请，经批准方可进行工作（主管部门应以书面形式批准工作）。	
2	现场勘察	（1）进行较为复杂的电力线路施工作业或相关人员（生产、安全管理人员或工作票签发人和工作负责人）认为有必要进行现场勘察的施工作业，由现场工作负责人组织相关人员（施工技术、安监人员）进行现场勘察，并做好勘察记录。确定现场作业危险点及控制措施，制定现场施工方案。 （2）现场勘察的内容： ①落实施工作业需要停电的范围（停电设备名称及所属单位）、保留带电设备及带电部位。 ②查看施工现场条件和环境（施工运输道路、种植物损毁赔付等）。 （3）根据现场勘察结果，对施工危险性、复杂性和困难程度较大的施工作业项目，应编制组织措施、技术措施和安全措施，经本单位主管安全生产领导批准后执行。	《电力安全工作规程》2.2
3	前期准备	（1）熟悉设计图纸资料，联系青苗赔付、组织施工队伍、完成施工概（预）算。 （2）组织人员挖坑运杆，检查确认杆坑位是否正确，坑深是否符合要求，电杆搬运摆放到位，如系非整根杆，应完成焊接或组接任务。	

序号	内容	标 准	参照依据
4	召开班前会	施工作业开始前，由现场工作负责人召开全体施工人员会议，进行技术交底和安全交底，分配工作任务。 　　（1）技术交底。工作负责人向全体施工人员交代施工方案、施工工艺、质量要求、作业注意等事项。 　　（2）安全交底。工作负责人向全体施工人员交代施工作业危险点及控制措施，该项工作主要的危险点及控制措施是： 　　①防触电伤害。防止电杆、绳索、吊车等触及邻近带电线路。控制措施：A.邻近线路危及施工安全时应配合停电；B.不停电时应采取其他措施并设专人监护。 　　②防高空坠落。控制措施：A.作业人员登杆前，检查登杆工具是否安全可靠，确认无误后方可登杆；B.作业人员登杆时做到："脚踩稳、手扒牢、一步一步慢登高，到达位置第一要，安全皮带系牢靠"；C.安全带应系在牢固可靠的构件上，工作位置转换后，应及时系好安全带。 　　③防电杆倾倒伤人。控制措施：A.杆上吊点一定绑在电杆重心以上，防止电杆倾倒旋转伤人；B.作业人员待电杆回填夯实稳固后方可登杆作业。 　　④防高空坠物伤人。控制措施：A.地勤人员尽量避免停留在杆下；B.地勤人员戴好安全帽；C.工具材料用绳索传递，尽量避免高空坠物；	《电力安全工作规程》6.2

序号	内容	标　　准	参照依据
4	召开班前会	D. 在繁华闹市区或人口密集地段施工时，施工现场（倒杆距离1.2倍区域）应设防护围栏，其他地段必要时设防护围栏，防止围观人等靠近施工现场；E. 在街道或交通要道附近施工时，应设专人警戒、看护并疏导交通，防止行人、车辆靠近施工现场。 ⑤防电杆挤压伤人。控制措施：电杆起立时杆坑内严禁有人，挪动电杆时防止电杆滚动伤人。 （3）交代工作任务，进行人员分工，明确专责监护人的监护范围和被监护人及其安全责任等。	《电力安全工作规程》6.2
5	准备材料工器具	（1）材料：准备电杆（铁件、绝缘子、金具、拉线、线夹、地锚及附件等备用），要求规格型号正确、质量合格、数量满足需要。 （2）工器具：准备下列工器具，要求是质量合格、安全可靠、数量满足需要。 ①登高工具：脚扣或踩板、安全帽、安全带等。 ②个人五小工具：电工钳、扳手、螺丝刀、小榔头、小绳等。 ③起重牵引工具：吊车、钢丝绳（吊点绳）及钢丝绳套、工具U形环、其它绳索等。 ④其他工具：铁锹、铁镐、铁铲、夯土锤子、手旗、口哨等。	

序号	内 容	标　　　　准	参照依据
6	出发前检查	出发前由工作负责人检查： （1）检查人数、人员精神状态及身体状况。 （2）检查所带材料是否规格型号正确、质量合格、数量满足需要。 （3）检查所带工器具是否质量合格、安全可靠、数量满足需要。 （4）检查交通工具是否良好，行车证照是否齐全。	
7	现场准备	（1）吊车立杆应由一人统一指挥，用手旗配合口哨传达指挥信号。 （2）将吊车停放在适当位置并支垫稳固，在电杆重心以上绑好钢丝绳套，电杆梢部绑好2～3根控制绳，根部绑一根控制绳，起吊时控制绳始终掌握在地勤人员手中，以便随时控制电杆动向。 （3）如采用地面组装，宜将铁件、拉线、针式绝缘子安装在电杆上。	《电力安全工作规程》6.4
8	起吊电杆	（1）起吊前应检查吊点钢丝绳套、控制绳是否牢固可靠，确认无误后，由指挥人员宣布："起重臂下和倒杆距离以内严禁有人停留"，确认无人后，方可发布起吊命令。 （2）吊车应缓慢匀速平稳起吊，不可高速猛吊。 （3）当电杆基本吊离地面时，应叫停起吊，检查各受力部位有无异常，确认无异常时，方可继续起吊。	《电力安全工作规程》6.4

序号	内容	标　　　准	参照依据
8	起吊电杆	（4）控制绳配合吊车将电杆插入杆坑，找准中心位置，并将电杆调整至竖直后，转动电杆，使杆上横担垂直线路或在线路夹角的二等分线上。	《电力安全工作规程》6.4
9	回填夯实	（1）电杆校正后即可分层回填夯实。每回填 300～500mm 夯实一次，并设置防沉土层。土层上部面积不宜小于坑口面积，培土高度超出地面300mm。当留有马道时，马道回填土也应夯实，并留有防沉土层 （2）检查确认电杆直立，回填符合要求后，即可脱落吊点绳和控制绳，立杆作业即告结束或转向下一基。 （3）如需杆上组装，此时可登杆作业。	
10	召开班后会	工作结束后，工作负责人组织全体施工人员召开班后会，总结工作经验和存在的问题，制定改进措施。	
11	资料归档	整理完善施工记录资料，移交运行部门归档妥善保管。	

四、更换 10kV 及以下线路直线水泥杆

（一）更换 10kV 及以下线路直线水泥杆标准作业流程图

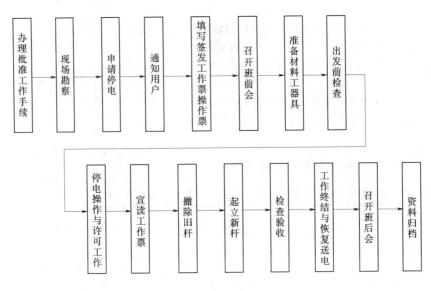

办理批准工作手续 → 现场勘察 → 申请停电 → 通知用户 → 填写签发工作票操作票 → 召开班前会 → 准备材料工器具 → 出发前检查 → 停电操作与许可工作 → 宣读工作票 → 撤除旧杆 → 起立新杆 → 检查验收 → 工作终结与恢复送电 → 召开班后会 → 资料归档

（二）更换 10kV 及以下线路直线水泥杆标准作业流程

序号	内容	标 准	参照依据
1	办理批准工作手续	施工班组根据线路电压等级向主管部门提出工作申请，经批准方可进行工作（主管部门应以书面形式批准工作）。	
2	现场勘察	（1）进行较为复杂的电力线路施工作业或相关人员（生产、安全管理人员或工作票签发人和工作负责人）认为有必要进行现场勘察的施工作业，由现场工作负责人组织相关人员（施工技术、安监人员）进行现场勘察，并做好勘察记录。确定现场作业危险点及控制措施，制定现场施工方案。 （2）现场勘察的内容： ①落实施工作业需要停电的范围（停电设备名称及所属单位）保留带电设备及带电部位。 ②落实施工作业涉及的交叉跨越（电力线路、弱电线路、铁路、公路、建筑物、种植物等）。 ③落实所需材料、设备的规格、型号和数量。 ④查看施工现场条件和环境（施工运输道路、种植物损毁赔付等）。 （3）根据现场勘察结果，对施工危险性、复杂性和困难程度较大的施工作业项目，应编制组织措施、技术措施和安全措施，经本单位主管安全生产领导批准后执行。	《电力安全工作规程》2.2

序号	内 容	标　　　　准	参照依据
3	申请停电	施工日期确定后，应提前一天送达书面停电申请。 （1）馈路停电：由线路运行部门办理停电申请手续，经生产主管或调度部门审批签字后，送达调度或变电站值班员。 （2）线路部分停电或支线停电：由线路运行部门或施工班组向线路运行管理部门申请停电并办理停电申请手续，经生产主管部门审批签字后，由批准申请部门和申请部门各保留一份。 （3）如停电作业需其他单位（包括用户）线路配合停电时，应由施工单位事先联系，送达书面停电申请，取得配合停电单位的同意，并要求配合停电单位做好停电、接地等安全措施。	
4	通知用户	停电日期确定后，由生产调度部门或用户管理部门提前 7 天（计划停电时）将具体停电时间电话或书面通知用户，并将通知人及用户接受通知人的姓名、通知时间等记入记录，以备查询。	"供电服务十项承诺"
5	填写签发工作票操作票	（1）工作票的填写与签发：由工作负责人根据工作性质提前一天（临时停电工作除外）填写"电力线路第一种工作票"（更换低压电杆时，应填写"低压第一种工作票"），经工作票签发人审核签字、工作负责人认可并签字后，一份留存工作票签发人或工作许可人处，另一份应提前交给工作负责人。 （2）操作票的填写与审核：由倒闸操作人根据发令人（值班调度员、	《电力安全工作规程》 2.3 4.2 《农村低压电气安全工作规程》 5.1.1

序号	内 容	标 准	参照依据
5	填写签发工作票操作票	变电站值班人员或设备运行部门人员）的操作指令，填写或打印倒闸操作票，操作人和监护人应根据模拟图或接线图核对所填写的操作项目和程序是否正确，确认无误后分别签名（事故应急处理和拉合开关或丝具的单一操作可以不使用操作票）。	《电力安全工作规程》2.3 4.2《农村低压电气安全工作规程》5.1.1
6	召开班前会	施工作业开始前，由现场工作负责人召开全体施工人员会议，进行技术交底和安全交底，分配工作任务。 （1）技术交底：工作负责人向全体施工人员交代施工方案、施工工艺、质量要求、作业注意等事项。 （2）安全交底：工作负责人向全体施工人员交代施工作业危险点及控制措施，该项工作主要的危险点及控制措施是： ①防触电伤害。A. 严防导线下落时触及带电线路。控制措施：带电线路应配合停电。B. 严防误登、误操作。控制措施：登杆前核对线路双重名称及杆号，确认无误后方可登杆，设专人监护以防误登、误操作。C. 严防返送电源和感应电。控制措施：拉开有可能返送电的线路开关或丝具，并挂接地线，在有可能产生感应电的地段加挂接地线或使用个人保安线。	《电力安全工作规程》6.2

序号	内 容	标　　　准	参照依据
6	召开班前会	②防高空坠落。控制措施：A. 作业人员登杆前，检查登杆工具是否安全可靠，确认无误后方可登杆；B. 作业人员登杆时做到："脚踩稳、手扒牢、一步一步慢登高，到达位置第一要，安全皮带系牢靠"；C. 安全带应系在牢固可靠的构件上，工作位置转换后，应及时系好安全带。 ③防电杆倾倒伤人。控制措施：作业人员登杆前，观测估算电杆埋深及裂纹情况，确认稳固后方可登杆作业，必要时打临时拉线，新立电杆待回填夯实后方可登杆。 ④防高空坠物伤人。控制措施：A. 地勤人员尽量避免停留在杆下；B. 地勤人员戴好安全帽；C. 工具材料用绳索传递，尽量避免高空坠物；D. 操作跌落丝具时，操作人员应选好操作位置，防止丝具管跌落伤人；E. 在繁华闹市区或人口密集地段施工时，施工现场（倒杆距离 1.2 倍区域）应设防护围栏，其他地段必要时设防护围栏，防止围观人等靠近施工现场；F. 在街道或交通要道附近施工时，应设专人警戒、看护并疏导交通，防止行人、车辆靠近施工现场。 ⑤防电杆挤压伤人。控制措施：电杆起立时杆坑内严禁有人，挪动电杆时防止电杆滚动伤人。 （3）交代工作任务，进行人员分工，明确专责监护人的监护范围和被监护人及其安全责任等。	《电力安全工作规程》6.2

序号	内容	标　　　准	参照依据
7	准备材料工器具	根据原线路杆型准备材料，根据立杆方法准备工器具。 （1）材料：准备水泥杆、扎线、（铁件、绝缘子等备用），要求规格型号正确、质量合格、数量满足需要。 （2）工器具:准备下列工器具,要求质量合格、安全可靠、数量满足需要。 ①停电操作工具：绝缘杆、验电器、高压发生器、接地线、绝缘手套、绝缘靴子、标示牌等。 ②登高工具：脚扣或踩板、安全帽、安全带等。 ③防护用具：个人保安线、防护服、绝缘鞋、手套等。 ④个人五小工具：电工钳、扳手、螺丝刀、小榔头、小绳等。 ⑤起重牵引工具：吊车或抱杆、手扳葫芦、钢丝绳及钢丝绳套、工具U形环、滑轮、绳索等。 ⑥其它工具：大榔头、钢锚钎、铁锨、铁镐、铁铲、夯土锤子。	
8	出发前检查	出发前由工作负责人检查： （1）检查人数、人员精神状态及身体状况。 （2）检查所带材料是否规格型号正确、质量合格、数量满足需要。 （3）检查所带工器具是否质量合格、安全可靠、数量满足需要。 （4）检查交通工具是否良好，行车证照是否齐全。	

序号	内容	标　　　准	参照依据
9	停电操作与许可工作	（1）馈路停电： 1）由变电站值班员根据调度命令或停电申请内容进行馈路停电操作（此操作必须填用"变电站倒闸操作票"，并按操作票所列程序进行操作），并做好接地等安全措施。 2）线路运行部门或施工班组停复电联系人（现场工作许可人）接到调度或变电站许可（第一次许可）工作的命令后，负责组织现场停电操作并做好安全措施，操作前负责核对线路双重名称及杆号，确认无误后，方可进行停电操作。以下操作按规定须用操作票时，应填用"电力线路倒闸操作票"，并按操作票所列程序进行操作。 ①断开需要现场操作的线路各端（含分支线）开关、刀闸或丝具。 ②断开危及线路停电作业，且不能采取相应措施的交叉跨越、平行或接近和同杆（塔）架设线路（包括外单位和用户线路）的开关、刀闸或丝具。 ③断开有可能返回低压电源和其他延伸至施工现场的低压线路电源开关。 ④在上述线路各端已断开的开关或刀闸的操作机构上应加锁；三相丝具的熔丝管应取下；并在上述开关、刀闸或丝具的操作机构醒目位置悬挂"线路有人工作，禁止合闸！"的标示牌。 ⑤在线路各端（包括无断开点且有可能返送电的支线上）应逐一验电、挂接地线，在有可能产生感应电的地段加挂接地线。	《电力安全工作规程》 2.4 3.2 3.3 3.4 4.2

序号	内 容	标　　准	参照依据
9	停电操作与许可工作	上述停电、验电、挂接地线等安全措施完成后，现场工作许可人方可向工作负责人下达许可（第二次许可）工作的命令。 　　（2）线路部分停电或支线停电： 　　线路运行部门或施工班组停复电联系人（现场工作许可人）负责组织现场停电操作并做好安全措施，操作前负责核对线路名称及杆号，确认无误后，方可进行停电操作。以下操作按规定须用操作票时，应填用"电力线路倒闸操作票"，并按操作票所列程序进行操作。 　　①先断开电源侧开关、刀闸或丝具，再断开需要现场操作的线路各端（含分支线）开关、刀闸或丝具。 　　②断开危及线路停电作业，且不能采取相应措施的交叉跨越、平行或接近和同杆（塔）架设线路（包括外单位和用户线路）的开关、刀闸或丝具。 　　③断开有可能返回低压电源和其他延伸至施工现场的低压线路电源开关。 　　④在上述线路各端已断开的开关或刀闸的操作机构上应加锁；三相丝具的熔丝管应取下；并在上述开关、刀闸或丝具的操作机构醒目位置悬挂"线路有人工作，禁止合闸！"的标示牌。 　　⑤在线路各端（包括无断开点且有可能返送电的支线上）应逐一验电、挂接地线，在有可能产生感应电的地段加挂接地线。 　　上述停电、验电、挂接地线等安全措施完成后，现场工作许可人方可	《电力安全工作规程》 2.4 3.2 3.3 3.4 4.2

序号	内容	标　　准	参照依据
9	停电操作与许可工作	向工作负责人下达许可工作的命令。 （3）低压线路停电： 由线路运行部门人员或工作班组人员担任现场工作许可人，现场工作许可人负责核对并确认变压器台区名称和停电线路名称，组织停电操作并布置现场安全措施。 ①拉开台区变压器低压总开关或分路开关，摘下熔丝管，在开关线路侧验电、挂接地线，在开关把手醒目位置悬挂"线路有人工作，禁止合闸！"的标示牌。如开关在室（箱）内，则配电室（箱）应加锁。以上安全措施完成后，工作许可人向工作负责人下达许可工作的命令。 ②工作负责人接到工作许可人许可工作的命令后，下令开始工作。 （4）工作许可人在向工作负责人发出许可工作的命令前，应将工作班组名称、数目、工作负责人姓名、工作地点和工作任务等记入记录簿内。 （5）许可开始工作的命令，应由工作许可人亲自下达给工作负责人。电话下达时，工作许可人及工作负责人应记录清楚明确，并复诵核对无误；当面下达时，工作许可人和工作负责人都应在工作票上记录许可时间，并签名（如现场工作许可人不直接参与监护或操作，而由他人监护和操作时，现场工作许可人必须在现场亲自目睹操作全过程，并确认操作结果）。	《电力安全工作规程》 2.4 3.2 3.3 3.4 4.2

序号	内 容	标　　准	参照依据
9	停电操作与许可工作	（6）填用第一种工作票进行工作，工作负责人应在得到全部工作许可人的许可后，方可开始工作。所谓全部工作许可人，是指直接向工作负责人下达许可工作命令的所有工作许可人。 　　1）馈路停电时，工作许可人包括： ①调度或变电站值班员（工作负责人直接担任停复电联系人）或中间停复电联系人（经中间停复电联系人向工作负责人下达许可工作的命令）。 ②若干个现场工作许可人（实施现场各方停电操作人或操作负责人）。 ③外单位或用户工作许可人（外单位或用户线路配合停电的联系人）。 　　2）线路部分停电或支线停电时，工作许可人包括： ①若干个现场工作许可人（实施现场各方停电操作人或操作负责人）。 ②外单位或用户工作许可人（外单位或用户线路配合停电的联系人）。	《电力安全工作规程》 2.4 3.2 3.3 3.4 4.2
10	宣读工作票	工作负责人在得到全部工作许可人许可工作的命令后： （1）认真核对线路双重名称及杆号，并确认无误。 （2）列队宣读工作票： ①交代工作任务，明确工作内容及工艺质量要求。 ②交代安全措施，明确停电范围及保留带电设备及带电部位，告知危险点及现场采取的安全措施，补充其他安全注意事项。 ③明确人员分工及安全责任，根据工作性质和危险程度，如设专人监	《电力安全工作规程》 2.3 2.5

序号	内容	标　　　准	参照依据
10	宣读工作票	护时，应明确专责监护人的监护范围和被监护人及其安全责任；如分组作业时，应明确指定小组工作负责人（监护人），并使用工作任务单。 ④现场提问1～2名作业人员，确认所有作业人员都清楚安全措施、明白工作内容后，所有作业人员在工作票上签名。 ⑤工作负责人下令开始工作。	《电力安全工作规程》2.3 2.5
11	撤除旧杆	(1) 登杆前检查（三确认）： ①作业人员核对线路名称及杆号，确认无误后方可登杆。 ②作业人员观测估算电杆埋深及裂纹情况，确认稳固后方可登杆。 ③作业人员检查登高工具是否安全可靠，确认无误后方可登杆。 (2) 登杆作业： ①人工撤杆时，作业人员登上被更换杆，绑好3～4条控制绳，地勤人员将控制绳固定在锚钎上，杆上人员解开扎线，将导线落至地面，必要时还应解开相邻直线杆上扎线并落下导线，使被更换杆上导线完全落至地面。挖开杆根，开好"马道"，利用控制绳将电杆放倒，并运离现场。 ②用吊车撤杆时，起重臂下和倒杆距离以内严禁有人，防止电杆倾倒旋转伤人。将吊车停放在适当位置并支垫稳固，在电杆重心（被撤除的	《电力安全工作规程》6.5

序号	内 容	标　　　准	参照依据
11	撤除旧杆	旧电杆重心应从地面以上部分估算）以上绑好钢丝绳套，在电杆上下两端绑上控制绳，吊车应由一人统一指挥，以手旗（势）配合口哨为信号，起吊时，地勤人员应将控制绳掌握在手中，以便控制电杆动向。起吊应缓慢匀速进行，不可高速猛吊，电杆落地后运离现场。	《电力安全工作规程》6.5
12	起立新杆	（1）人工立杆： 1）现场准备： ①人工立杆必须统一指挥，设总指挥一人，用手旗配合口哨传达指挥信号，指挥人员活动在牵引绳方向，负责指挥两侧控制绳或拉或松。 ②设副指挥一人，活动在电杆一侧，负责指挥牵引绳和后控制绳或拉或松。 ③牵引绳上若干人，两侧及后控制绳各3～5人（必要时应打上控制绳锚钎），观察杆根一人，控制抱杆脱落绳一人。 ④起立抱杆时，两侧控制绳上人员负责抬起抱杆，看杆根和控制抱杆脱落绳共两人，分别控制抱杆根部，以防蹭脱。 ⑤按照上述分工，分别绑好吊点绳、牵引绳、控制绳，绑好吊点脱落绳、控制绳脱落绳、抱杆脱落绳，将抱杆摆放在适当位置并与牵引绳连接。 ⑥如采用地面组装，宜将铁件、拉线、针式绝缘子安装在电杆上。 2）起立抱杆：	《电力安全工作规程》6.4　6.5

序号	内容	标　　准	参照依据
12	起立新杆	①抱杆起立前，两人各执铁铲扎地抵住抱杆下端，若干人抬起抱杆上端，此时，总指挥下令拉动牵引绳，使抱杆徐徐立起。 ②总指挥负责将电杆及电杆上的吊点、抱杆顶端和牵引绳方向调整在一条线上，起立过程中应始终保持三点呈一线。 3）起立电杆： ①电杆起立前，总指挥宣布倒杆距离以内不得有人停留。 ②宣布各部位人员注意，掌握控制绳，以手旗配合口哨发布牵引命令，牵引绳应徐徐进行牵引，不得猛拉猛松。 ③当电杆杆梢距地面约 80cm 时，应叫停牵引，检查杆根是否在理想位置，检查抱杆脚有无下沉滑动，电杆有无弯曲裂纹等，确认无异常时方可继续牵引。当电杆离地 45°继续起立时，注意抱杆脱落。抱杆脱落时，电杆暂停起立，待抱杆落地，并搬离现场后，继续起立电杆。 ④当电杆起至与地面夹角 70°左右时，应减缓牵引速度，将两侧控制绳固定在锚钎上，检查调整使杆根在线路中心线上。当电杆起立至与地面夹角 80°左右时，应停止牵引，用控制绳调整电杆至直立位置。 ⑤将电杆校正至竖直后，转动电杆，使杆上横担垂直线路。 4）回填夯实： ①电杆校正后即可分层回填夯实。	《电力安全工作规程》6.4 6.5

序号	内 容	标　　准	参照依据
12	起立新杆	②检查确认电杆直立，回填符合要求后，即下令脱落吊点绳和控制绳，立杆作业即告结束或转向下一基。 ③如需杆上组装，此时可登杆作业。 （2）吊车立杆： ①吊车立杆应由一人统一指挥，用手旗配合口哨传达指挥信号。 ②将吊车停放在适当位置并支垫稳固，在电杆重心以上绑好钢丝绳套，电杆梢部绑好2~3根控制绳，根部绑一根控制绳，起吊时控制绳始终掌握在地勤人员手中，以便随时控制电杆动向。 ③如采用地面组装，宜将铁件、拉线、针式绝缘子安装在电杆上。 ④起吊前应检查吊点钢丝绳套、控制绳是否牢固可靠，确认无误后，由指挥人员宣布："起重臂下和倒杆距离以内严禁有人停留"，确认无人后，方可发布起吊命令。 ⑤吊车应缓慢匀速平稳起吊，不可高速猛吊。 ⑥当电杆基本吊离地面时，应叫停起吊，检查各受力部位有无异常，确认无异常时，方可继续起吊。 ⑦控制绳配合吊车将电杆插入杆坑，找准中心位置，并将电杆调整至竖直后，转动电杆，使杆上横担垂直线路。回填夯实完毕后，拆除吊点钢丝套、控制绳，立杆作业即告结束或转向下一基。	《电力安全工作规程》 6.4 6.5

序号	内容	标　　　　准	参照依据
13	检查验收	（1）施工作业结束后，工作负责人依据施工验收规范对施工工艺、质量进行自查验收，合格后，命令作业人员撤离现场。 （2）通知运行单位进行验收。	《施工验收规范》
14	工作终结与恢复送电	（1）停电作业结束后，工作负责人应履行下列职责： 1）工作负责人认为工作已结束，并在得到所有小组负责人工作结束的汇报后，应检查线路施工地段的状况，确认在杆塔上、导线上、绝缘子串上及其他辅助设备上没有遗留的个人保安线、工具、材料等，检查清点并确认全部作业人员已由杆塔上撤离，将全部作业人员集中一处，宣布："××线路已视同带电，禁止任何人再登杆作业"，如个别作业人员不能集中时，工作负责人必须设法通知到本人。 2）工作负责人分别向全部工作许可人汇报： ①对调度或变电站值班员（工作许可人）或运检分设，对线路运行部门现场工作许可人的汇报："工作负责人×××向你汇报，××单位××班组在×处（说明起止杆号、分支线路名称等）停电工作已全部结束，本班组作业人员已全部撤离现场，经检查确认线路上无遗留物，××线路可以恢复送电"。	《电力安全工作规程》2.7

序号	内容	标　　准	参照依据
14	工作终结与恢复送电	②运检合一，对本班组现场工作许可人的汇报："××班组在××线路上×处（说明起止杆号、分支线路名称等）停电工作已全部结束，作业人员已全部撤离线路，经检查确认线路上无遗留物，可拆除接地线等安全措施，恢复线路供电"。 ③对外单位或用户配合停电工作许可人的汇报："工作负责人×××向你汇报，××单位××班组停电工作已全部结束，你单位配合停电的线路可恢复送电"。 （2）停电工作结束后，各方工作许可人应履行下列职责： ①调度或变电站值班员（工作许可人）在接到所有工作负责人（包括用户）的完工报告后，与记录簿核对工作班组名称和工作负责人姓名，确认无误后，拆除安全措施，恢复送电（送电操作应填用"变电站倒闸操作票"，并按操作票所列程序进行操作）。 ②运检分设，线路运行部门现场工作许可人在接到所有工作负责人（包括用户）的完工报告后，与记录簿核对工作班组名称和工作负责人姓名，确认无误后，检查确认全部工作结束，全部工作人员已撤离线路，下令拆除接地线等现场安全措施，全部安全措施拆除后，核对清点接地线、标示牌数目，确认无误后，合上线路各端断开的开关、刀闸或丝具，	《电力安全工作规程》2.7

序号	内容	标　　准	参照依据
14	工作终结与恢复送电	恢复线路供电（以上操作按规定须用操作票时，应填用"电力线路倒闸操作票"，并按操作票所列程序进行操作）。 ③运检合一，本班组现场工作许可人在接到本班组工作负责人已完工和可拆除安全措施、恢复线路供电的报告后，与记录簿核对工作班组名称和工作负责人姓名，检查确认全部工作已结束、全部工作人员已撤离线路、线路上无遗留物后，组织拆除接地线等安全措施，全部安全措施拆除完毕后，核对清点接地线、标示牌数目，确认无误后，合上线路各端断开的开关、刀闸或丝具，恢复线路供电（以上操作按规定须用操作票时，应填用"电力线路倒闸操作票"，并按操作票所列程序进行操作）。 （3）低压线路停电工作结束、恢复送电可参照以上程序进行。	《电力安全工作规程》2.7
15	召开班后会	工作结束后，工作负责人组织全体施工人员召开班后会，总结工作经验和存在的问题，制定改进措施。	
16	资料归档	施工单位技术人员将变动后的设备情况以书面形式移交给运行单位存档。	

五、更换 10kV 及以下线路耐张（T 接、终端）水泥杆

（一）更换 10kV 及以下线路耐张（T 接、终端）水泥杆标准作业流程图

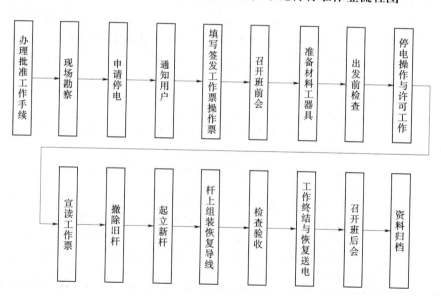

（二）更换 10kV 及以下线路耐张（T 接、终端）水泥杆标准作业流程

序号	内容	标 准	参照依据
1	办理批准工作手续	施工班组根据线路电压等级向主管部门提出工作申请，经批准方可进行工作（主管部门应以书面形式批准工作）。	
2	现场勘察	（1）进行较为复杂的电力线路施工作业或相关人员（生产、安全管理人员或工作票签发人和工作负责人）认为有必要进行现场勘察的施工作业，由现场工作负责人组织相关人员（施工技术、安监人员）进行现场勘察，并做好勘察记录。确定现场作业危险点及控制措施，制定现场施工方案。 （2）现场勘察的内容： ①落实施工作业需要停电的范围（停电设备名称及所属单位）保留带电设备及带电部位。 ②落实施工作业涉及的交叉跨越（电力线路、弱电线路、铁路、公路、建筑物、种植物等）。 ③落实所需材料、设备的规格、型号和数量。 ④查看施工现场条件和环境（施工运输道路、种植物损毁赔付等）。 （3）根据现场勘察结果，对施工危险性、复杂性和困难程度较大的施工作业项目，应编制组织措施、技术措施和安全措施，经本单位主管安全生产领导批准后执行。	《电力安全工作规程》2.2

序号	内 容	标 准	参照依据
3	申请停电	施工日期确定后，应提前一天送达书面停电申请。 （1）馈路停电：由线路运行部门办理停电申请手续，经生产主管或调度部门审批签字后，送达调度或变电站值班员。 （2）线路部分停电或支线停电：由线路运行部门或施工班组向线路运行管理部门申请停电并办理停电申请手续，经生产主管部门审批签字后，由批准申请部门和申请部门各保留一份。 （3）如停电作业需其他单位（包括用户）线路配合停电时，应由施工单位事先联系，送达书面停电申请，取得配合停电单位的同意，并要求配合停电单位做好停电、接地等安全措施。	
4	通知用户	停电日期确定后，由生产调度部门或用户管理部门提前 7 天（计划停电时）将具体停电时间电话或书面通知用户，并将通知人及用户接受通知人的姓名、通知时间等记入记录，以备查询。	"供电服务十项承诺"
5	填写签发工作票操作票	（1）工作票的填写与签发：由工作负责人根据工作性质提前一天（临时停电工作除外）填写"电力线路第一种工作票"（更换低压电杆时，应填写"低压第一种工作票"），经工作票签发人审核签字、工作负责人认可并签字后，一份留存工作票签发人或工作许可人处，另一份应提前交给工作负责人。 （2）操作票的填写与审核：由倒闸操作人根据发令人（值班调度员、变	《电力安全工作规程》 2.3 4.2 《农村低压电气安全工作规程》 5.1.1

序号	内容	标　　准	参照依据
5	填写签发工作票操作票	电站值班人员或设备运行部门人员）的操作指令，填写或打印倒闸操作票，操作人和监护人应根据模拟图或接线图核对所填写的操作项目和程序是否正确，确认无误后分别签名（事故应急处理和拉合开关或丝具的单一操作可以不使用操作票）。	《电力安全工作规程》2.3　4.2《农村低压电气安全工作规程》5.1.1
6	召开班前会	施工作业开始前，由现场工作负责人召开全体施工人员会议，进行技术交底和安全交底，分配工作任务。 　（1）技术交底：工作负责人向全体施工人员交代施工方案、施工工艺、质量要求、作业注意等事项。 　（2）安全交底。工作负责人向全体施工人员交代施工作业危险点及控制措施，该项工作主要的危险点及控制措施是： 　①防触电伤害。A. 严防导线下落时触及带电线路。控制措施：带电线路应配合停电。B. 严防误登、误操作。控制措施：登杆前核对线路双重名称及杆号，确认无误后方可登杆，设专人监护以防误登、误操作。C. 严防返送电源和感应电。控制措施：拉开有可能返送电的线路开关或丝具，并挂接地线，在有可能产生感应电的地段加挂接地线或使用个人保安线。	《电力安全工作规程》6.2

序号	内容	标　　准	参照依据
6	召开班前会	②防高空坠落。控制措施：A. 作业人员登杆前，检查登杆工具是否安全可靠，确认无误后方可登杆；B. 作业人员登杆时做到："脚踩稳、手扒牢、一步一步慢登高，到达位置第一要，安全皮带系牢靠"；C. 安全带应系在牢固可靠的构件上，工作位置转换后，应及时系好安全带。 ③防高空坠物伤人。控制措施：A. 地勤人员尽量避免停留在杆下；B. 地勤人员戴好安全帽；C. 工具材料用绳索传递，尽量避免高空坠物；D. 操作跌落丝具时，操作人员应选好操作位置，防止丝具管跌落伤人；E. 在繁华闹市区或人口密集地段施工时，施工现场（倒杆距离 1.2 倍区域）应设防护围栏，其他地段必要时设防护围栏，防止围观人等靠近施工现场；F. 在街道或交通要道附近施工时，应设专人警戒、看护并疏导交通，防止行人、车辆靠近施工现场。 ④防电杆倾倒伤人。控制措施：作业人员登杆前，观测估算电杆埋深及裂纹情况，确认稳固后方可登杆作业，必要时打临时拉线。新立杆待回填夯实后方可登杆。 ⑤防电杆挤压伤人。控制措施：电杆起立时杆坑内严禁有人，挪动电杆时防止电杆滚动伤人。 （3）交代工作任务，进行人员分工，明确专责监护人的监护范围和被监护人及其安全责任等。	《电力安全工作规程》6.2

序号	内容	标　　准	参照依据
7	准备材料工器具	根据原杆型准备材料，根据立杆方法准备工器具。 （1）材料：水泥电杆、扎线、铁丝、铝包带（铁件、绝缘子等备用），要求规格型号正确、质量合格、数量满足需要。 （2）工器具：准备下列工器具，要求质量合格、安全可靠、数量满足需要。 ①停电操作工具：绝缘杆、验电器、高压发生器、接地线、绝缘手套、绝缘靴子、标示牌等。 ②登高工具：脚扣或踩板、安全帽、安全带等。 ③防护用具：个人保安线、防护服、绝缘鞋、手套等。 ④个人五小工具：电工钳、扳手、螺丝刀、小榔头、小绳等。 ⑤起重牵引工具：吊车或抱杆、手扳葫芦、紧线器（钳）三角钳头、钢丝绳及钢丝绳套、工具U形环、滑轮、绳索等。 ⑥其他工具：大榔头、钢锚钎、铁锹、铁镐、铁铲、夯土锤子等。	
8	出发前检查	出发前由工作负责人检查： （1）检查人数、人员精神状态及身体状况。 （2）检查所带材料是否规格型号正确、质量合格、数量满足需要。 （3）检查所带工器具是否质量合格、安全可靠、数量满足需要。 （4）检查交通工具是否良好，行车证照是否齐全。	

序号	内 容	标　　准	参照依据
9	停电操作与许可工作	（1）馈路停电： 1）由变电站值班员根据调度命令或停电申请内容进行馈路停电操作（此操作必须填用"变电站倒闸操作票"，并按操作票所列程序进行操作），并做好接地等安全措施。 2）线路运行部门或施工班组停复电联系人（现场工作许可人）接到调度或变电站许可（第一次许可）工作的命令后，负责组织现场停电操作并做好安全措施，操作前负责核对线路双重名称及杆号，确认无误后，方可进行停电操作。以下操作按规定须用操作票时，应填用"电力线路倒闸操作票"，并按操作票所列程序进行操作。 ①断开需要现场操作的线路各端（含分支线）开关、刀闸或丝具。 ②断开危及线路停电作业，且不能采取相应措施的交叉跨越、平行或接近和同杆（塔）架设线路（包括外单位和用户线路）的开关、刀闸或丝具。 ③断开有可能返回低压电源和其他延伸至施工现场的低压线路电源开关。 ④在上述线路各端已断开的开关或刀闸的操作机构上应加锁；三相丝具的熔丝管应取下；并在上述开关、刀闸或丝具的操作机构醒目位置悬挂"线路有人工作，禁止合闸！"的标示牌。 ⑤在线路各端（包括无断开点且有可能返送电的支线上）应逐一验电、挂接地线，在有可能产生感应电的地段加挂接地线。	《电力安全工作规程》 2.4 3.2 3.3 3.4 4.2

序号	内 容	标　　　准	参照依据
9	停电操作与许可工作	上述停电、验电、挂接地线等安全措施完成后，现场工作许可人方可向工作负责人下达许可（第二次许可）工作的命令。 （2）线路部分停电或支线停电： 由线路运行部门或施工班组停复电联系人（现场工作许可人）负责组织现场停电操作并做好安全措施，操作前负责核对线路名称及杆号，确认无误后，方可进行停电操作。以下操作按规定须用操作票时，应填用"电力线路倒闸操作票"，并按操作票所列程序进行操作。 ①先断开电源侧开关、刀闸或丝具，再断开需要现场操作的线路各端（含分支线）开关、刀闸或丝具。 ②断开危及线路停电作业，且不能采取相应措施的交叉跨越、平行或接近和同杆（塔）架设线路（包括外单位和用户线路）的开关、刀闸或丝具。 ③断开有可能返回低压电源和其他延伸至施工现场的低压线路电源开关。 ④在上述线路各端已断开的开关或刀闸的操作机构上应加锁；三相丝具的熔丝管应取下；并在上述开关、刀闸或丝具的操作机构醒目位置悬挂"线路有人工作，禁止合闸！"的标示牌。 ⑤在线路各端（包括无断开点且有可能返送电的支线上）应逐一验电、挂接地线，在有可能产生感应电的地段加挂接地线。	《电力安全工作规程》 2.4 3.2 3.3 3.4 4.2

序号	内容	标　　　准	参照依据
9	停电操作与许可工作	上述停电、验电、挂接地线等安全措施完成后，现场工作许可人方可向工作负责人下达许可工作的命令。 　　（3）低压线路停电： 　　由线路运行部门人员或工作班组人员担任现场工作许可人，现场工作许可人负责核对并确认变压器台区名称和停电线路名称，组织停电操作并布置现场安全措施。 　　①拉开台区变压器低压总开关或分路开关，摘下熔丝管，在开关线路侧验电、挂接地线，在开关把手醒目位置悬挂"线路有人工作，禁止合闸！"的标示牌。如开关在室（箱）内，则配电室（箱）应加锁。以上安全措施完成后，工作许可人向工作负责人下达许可工作的命令。 　　②工作负责人接到工作许可人许可工作的命令后，下令开始工作。 　　（4）工作许可人在向工作负责人发出许可工作的命令前，应将工作班组名称、数目、工作负责人姓名、工作地点和工作任务等记入记录簿内。 　　（5）许可开始工作的命令，应由工作许可人亲自下达给工作负责人。电话下达时，工作许可人及工作负责人应记录清楚明确，并复诵核对无误；当面下达时，工作许可人和工作负责人都应在工作票上记录许可时间，并签名（如现场工作许可人不直接参与监护或操作，而由他人监护和操作时，现场工作许可人必须在现场亲自目睹操作全过程，并确认操作结果）。	《电力安全工作规程》 2.4 3.2 3.3 3.4 4.2

序号	内 容	标　　　　准	参照依据
9	停电操作与许可工作	（6）填用第一种工作票进行工作，工作负责人应在得到全部工作许可人的许可后，方可开始工作。所谓全部工作许可人，是指直接向工作负责人下达许可工作命令的所有工作许可人。 　　1）馈路停电时，工作许可人包括： ①调度或变电站值班员（工作负责人直接担任停复电联系人）或中间停复电联系人（经中间停复电联系人向工作负责人下达许可工作的命令）。 ②若干个现场工作许可人（实施现场各方停电操作人或操作负责人）。 ③外单位或用户工作许可人（外单位或用户线路配合停电的联系人）。 　　2）线路部分停电或支线停电时，工作许可人包括： ①若干个现场工作许可人（实施现场各方停电操作人或操作负责人）。 ②外单位或用户工作许可人（外单位或用户线路配合停电的联系人）。	《电力安全工作规程》 2.4 3.2 3.3 3.4 4.2
10	宣读工作票	工作负责人在得到全部工作许可人许可工作的命令后： （1）认真核对线路双重名称及杆号，并确认无误。 （2）列队宣读工作票： ①交代工作任务，明确工作内容及工艺质量要求。 ②交代安全措施，明确停电范围及保留带电设备及带电部位，告知危险点及现场采取的安全措施，补充其他安全注意事项。	《电力安全工作规程》 2.3 2.5

序号	内 容	标　　准	参照依据
10	宣读工作票	③明确人员分工及安全责任，根据工作性质和危险程度，如设专人监护时，应明确专责监护人的监护范围和被监护人及其安全责任；如分组作业时，应明确指定小组工作负责人（监护人），并使用工作任务单。 ④现场提问1~2名作业人员，确认所有作业人员都清楚安全措施、明白工作内容后，所有作业人员在工作票上签名。 ⑤工作负责人下令开始工作。	《电力安全工作规程》2.3 2.5
11	撤除旧杆	（1）登杆前检查（三确认）： ①作业人员核对线路名称及杆号，确认无误后方可登杆。 ②作业人员观测估算电杆埋深及裂纹情况，确认稳固后方可登杆。 ③作业人员检查登高工具是否安全可靠，确认无误后方可登杆。 （2）撤除旧杆： 1）固定导线：耐张杆松线时，必须采取某种方法将导线加以固定，以免拉歪（倒）直线杆电杆、横担或绝缘子，其固定方法如下： ①杆上固定：作业人员登上第一基（与耐张杆相邻）直线杆，用钢丝绳或绳索打好临时拉线，解开三相扎线，用三角钳头或多股扎线将导线紧靠横担固定在电杆上（注意不得损伤导线）。 ②杆根固定。A. 耐张杆未松线前固定：作业人员登上第一基（与耐张杆	《电力安全工作规程》6.5

序号	内容	标　　准	参照依据
11	撤除旧杆	相邻）直线杆，解开扎线，将导线下落至地面（如导线未能落至地面时，继续落下下一基直线杆上导线，直至导线落地为止），地勤人员用三角钳头和绳索将导线固定在杆根；B. 耐张杆松线过程中固定：作业人员登上第一基（与耐张杆相邻）直线杆，解开扎线，将导线落下，待耐张杆上松线至地面人员可抓着时，将导线拉紧用三角钳头和绳索固定在杆根。 　　③锚钎固定：地勤人员在耐张杆倒杆距离以外埋设锚钎，作业人员登上第一基（与耐张杆相邻）直线杆，解开扎线，将导线落下，待耐张杆上松线至地面人员可抓着时，将导线拉紧用三角钳头和绳索固定在锚钎上。 　　2）耐张杆松线：作业人员登上耐张杆，绑好 3~4 条控制绳，地勤人员将控制绳固定在锚钎上，杆上人员解开引流线，挂好紧线器和滑轮，将三角钳头卡在导线上；将牵引绳通过滑轮与三角钳头连接，另一端掌握在地勤人员手中，杆上人员用紧线器收紧导线，使绝缘子串处于松弛状态，取出耐张线夹连接螺栓，地勤人员拉紧牵引绳使紧线器处于松弛状态，杆上人员松开紧线器，地勤人员松动牵引绳将导线下落至地面。其余各相如法操作。 　　如采用杆上固定或耐张杆未松线前固定时，耐张松线后不必再作固定；如采用耐张杆松线过程中固定时，则应待耐张杆导线下落时，将导线拉紧用三角钳头和绳索固定在杆根或锚钎上。	《电力安全工作规程》6.5

序号	内容	标　　　准	参照依据
11	撤除旧杆	（3）地勤人员拆开拉线下端，杆上人员拆除工器具、绝缘子串、横担和拉线后下杆。 （4）用吊车撤杆时，起重臂下和倒杆距离以内严禁有人，防止电杆倾倒旋转伤人。将吊车停放在适当位置并支垫稳固，在电杆重心（被撤除的旧电杆重心应从地面以上部分估算）以上绑好钢丝绳套，吊车应由一人统一指挥，以手旗（势）配合口哨为信号，起吊时，地勤人员应将控制绳掌握在手中，以便控制电杆动向。起吊应缓慢匀速进行，不可高速猛吊，电杆落地后运离现场。 （5）人工撤杆时，应挖开杆根，开好"马道"，利用控制绳将电杆放倒并运离现场。	《电力安全工作规程》6.5
12	起立新杆	（1）人工立杆： 1）现场准备： ①人工立杆必须统一指挥，设总指挥一人，用手旗配合口哨传达指挥信号，指挥人员活动在牵引绳方向，负责指挥两侧控制绳或拉或松。 ②设副指挥一人，活动在电杆一侧，负责指挥牵引绳和后控制绳或拉或松。 ③牵引绳上若干人，两侧及后控制绳各3～5人（必要时应打上控制绳锚钎），观察杆根一人，控制抱杆脱落绳一人。	《电力安全工作规程》6.4 6.5

序号	内容	标　　准	参照依据
12	起立新杆	④起立抱杆时，两侧控制绳上人员负责抬起抱杆，看杆根和控制抱杆脱落绳共两人，分别控制抱杆根部，以防蹬脱。 ⑤按照上述分工，分别绑好吊点绳、牵引绳、控制绳、绑好吊点绳脱落绳、控制绳脱落绳、抱杆脱落绳，将抱杆摆放在适当位置并与牵引绳连接。 ⑥如采用地面组装，宜将铁件、拉线、针式绝缘子安装在电杆上。 　2）起立抱杆： ①抱杆起立前，两人各持铁铲扎地抵住抱杆下端，若干人抬起抱杆上端，此时，总指挥下令拉动牵引绳，使抱杆徐徐立起。 ②总指挥负责将电杆及电杆上的吊点、抱杆顶端和牵引绳方向调整在一条线上，起立过程中应始终保持三点呈一线。 　3）起立电杆： ①电杆起立前，总指挥宣布倒杆距离以内不得有人停留。 ②宣布各部位人员注意，掌握控制绳，以手旗配合口哨发布牵引命令，牵引绳应徐徐进行牵引，不得猛拉猛松。 ③当电杆杆梢距地面约80cm时，应叫停牵引，检查杆根是否在理想位置，检查抱杆受力是否均匀，抱杆脚有无下沉滑动，电杆有无弯曲裂纹等，确认无异常时方可继续牵引。当电杆离地45°继续起立时，注意抱杆脱落。抱杆脱落时，电杆暂停起立，待抱杆落地，并搬离现场后，继续起立电杆。 ④当电杆起至与地面夹角70°左右时，应减缓牵引速度，将两侧控制绳固定在锚钎上，检查调整使杆根在线路中心线上。当电杆起立至与地面	《电力安全工作规程》 6.4 6.5

序号	内 容	标 准	参照依据
12	起立新杆	夹角80°左右时，应停止牵引，用控制绳调整电杆至直立位置。 ⑤将电杆校正至竖直后，转动电杆，使杆上横担垂直线路或在线路夹角的二等分线上。 4）回填夯实： ①电杆立直后即可分层回填夯实。 ②检查确认电杆直立，回填符合要求后，即下令脱落吊点绳和控制绳，立杆作业即告结束或转向下一基。 ③如需杆上组装，此时可登杆作业。 （2）吊车立杆： ①吊车立杆应由一人统一指挥，用手旗配合口哨传达指挥信号。 ②将吊车停放在适当位置并支垫稳固，在电杆重心以上绑好钢丝绳套，电杆梢部绑好2～3根控制绳，根部绑一根控制绳，起吊时控制绳始终掌握在地勤人员手中，以便随时控制电杆动向。 ③如采用地面组装，宜将铁件、拉线、针式绝缘子安装在电杆上。 ④起吊前应检查吊点钢丝绳套、控制绳是否牢固可靠，确认无误后，由指挥人员宣布："起重臂下和倒杆距离以内严禁有人停留"，确认无人后，方可发布起吊命令。 ⑤吊车应缓慢匀速平稳起吊，不可高速猛吊。	《电力安全工作规程》 6.4 6.5

序号	内容	标　　　准	参照依据
12	起立新杆	⑥当电杆基本吊离地面时，应叫停起吊，检查各受力部位有无异常，确认无异常时，方可继续起吊。 ⑦控制绳配合吊车将电杆插入杆坑，找准中心位置，并将电杆调整至竖直后，转动电杆，使杆上横担垂直线路或在线路夹角的二等分线上。回填夯实完毕后，拆除吊点钢丝套、控制绳，立杆作业即告结束或转向下一基。	《电力安全工作规程》 6.4 6.5
13	杆上组装恢复导线	（1）杆上组装：作业人员登杆，先在预定位置安装拉线包箍，挂好拉线上端，地勤人员做好拉线下端，并调整使拉线完全受力。杆上人员安装横担、杆顶铁，挂好绝缘子串。 （2）恢复导线：杆上人员重新挂好紧线器、滑轮，将牵引绳通过滑轮放至地面，地勤人员将牵引绳一头绑在三角钳头上，三角钳头卡在导线上，另一头掌握在手中，待导线从地锚上或杆根松开后（注意：地锚上或杆根松线不可一次松开，待牵引绳拉紧后逐渐松开，以免导线松弛拉倒相邻直线杆或拉歪横担和绝缘子），拉动牵引绳将导线升至横担。杆上人员用紧线器配合牵引绳将导线收紧，再将耐张线夹与绝缘子串连接，松开紧线器和牵引绳，其余各相如法操作。挂线应逐相相对进行，以免横担转动。全部导线恢复后，做好引流线，拆除工器具，检查无误后即可下杆。	《电力安全工作规程》 6.2 6.6

序号	内 容	标　　　准	参照依据
14	检查验收	（1）施工作业结束后，工作负责人依据施工验收规范对施工工艺、质量进行自查验收，合格后，命令作业人员撤离现场。 （2）通知运行单位进行验收。	《施工验收规范》
15	工作终结与恢复送电	（1）停电作业结束后，工作负责人应履行下列职责： 1）工作负责人认为工作已结束，并在得到所有小组负责人工作结束的汇报后，应检查线路施工地段的状况，确认在杆塔上、导线上、绝缘子串上及其他辅助设备上没有遗留的个人保安线、工具、材料等，检查清点并确认全部作业人员已由杆塔上撤离，将全部作业人员集中一处，宣布："××线路已视同带电，禁止任何人再登杆作业"，如个别作业人员不能集中时，工作负责人必须设法通知到本人。 2）工作负责人分别向全部工作许可人汇报： ①对调度或变电站值班员（工作许可人）或运检分设，对线路运行部门现场工作许可人的汇报："工作负责人×××向你汇报，××单位××班组在×处（说明起止杆号、分支线路名称等）停电工作已全部结束，本班组作业人员已全部撤离现场，经检查确认线路上无遗留物，××线路可以恢复送电"。 ②运检合一，对本班组现场工作许可人的汇报："××班组在××线路	《电力安全工作规程》2.7

序号	内 容	标　　准	参照依据
15	工作终结与恢复送电	上×处（说明起止杆号、分支线路名称等）停电工作已全部结束，作业人员已全部撤离线路，经检查确认线路上无遗留物，可拆除接地线等安全措施，恢复线路供电"。 　③对外单位或用户配合停电工作许可人的汇报："工作负责人×××向你汇报，××单位××班组停电工作已全部结束，你单位配合停电的线路可恢复送电"。 　（2）停电工作结束后，各方工作许可人应履行下列职责： 　①调度或变电站值班员（工作许可人）在接到所有工作负责人（包括用户）的完工报告后，与记录簿核对工作班组名称和工作负责人姓名，确认无误后，拆除安全措施，恢复送电（送电操作应填用"变电站倒闸操作票"，并按操作票所列程序进行操作）。 　②运检分设，线路运行部门现场工作许可人在接到所有工作负责人（包括用户）的完工报告后，与记录簿核对工作班组名称和工作负责人姓名，确认无误后，检查确认全部工作结束，全部工作人员已撤离线路，下令拆除接地线等现场安全措施，全部安全措施拆除后，核对清点接地线、标示牌数目，确认无误后，合上线路各端断开的开关、刀闸或丝具，恢复线路供电（以上操作按规定须用操作票时，应填用"电力线路倒闸操作票"，并按操作票所列程序进行操作）。	《电力安全工作规程》2.7

序号	内容	标　　准	参照依据
15	工作终结与恢复送电	③运检合一，本班组现场工作许可人在接到本班组工作负责人已完工和可拆除安全措施、恢复线路供电的报告后，与记录簿核对工作班组名称和工作负责人姓名，检查确认全部工作已结束、全部工作人员已撤离线路、线路上无遗留物后，组织拆除接地线等安全措施，全部安全措施拆除完毕后，核对清点接地线、标示牌数目，确认无误后，合上线路各端断开的开关、刀闸或丝具，恢复线路供电（以上操作按规定须用操作票时，应填用"电力线路倒闸操作票"，并按操作票所列程序进行操作）。 （3）低压线路停电工作结束、恢复送电可参照以上程序进行。	《电力安全工作规程》2.7
16	召开班后会	工作结束后，工作负责人组织全体施工人员召开班后会，总结工作经验和存在的问题，制定改进措施。	
17	资料归档	施工单位技术人员将变动后的设备情况以书面形式移交给运行单位存档。	

六、校正 10kV 及以下线路直线水泥杆

（一）校正 10kV 及以下线路直线水泥杆标准作业流程图

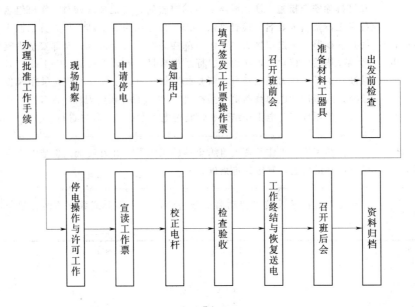

（二）校正10kV及以下线路直线水泥杆标准作业流程

序号	内容	标　准	参照依据
1	办理批准工作手续	施工班组根据线路电压等级向主管部门提出工作申请，经批准方可进行工作（主管部门应以书面形式批准工作）。	
2	现场勘察	（1）进行较为复杂的电力线路施工作业或相关人员（生产、安全管理人员或工作票签发人和工作负责人）认为有必要进行现场勘察的施工作业，由现场工作负责人组织相关人员（施工技术、安监人员）进行现场勘察，并做好勘察记录。确定现场作业危险点及控制措施，制定现场施工方案。 （2）现场勘察的内容： ①落实施工作业需要停电的范围（停电设备名称及所属单位）、保留带电设备及带电部位。 ②落实施工作业涉及的交叉跨越（电力线路、弱电线路、铁路、公路、建筑物、种植物等）。 ③查看施工现场条件和环境（施工运输道路、种植物损毁赔付等）。 （3）根据现场勘察结果，对施工危险性、复杂性和困难程度较大的施工作业项目，应编制组织措施、技术措施和安全措施，经本单位主管安全生产领导批准后执行。	《电力安全工作规程》2.2

序号	内 容	标　　准	参照依据
3	申请停电	施工日期确定后，应提前一天送达书面停电申请。 （1）馈路停电：由线路运行部门办理停电申请手续，经生产主管或调度部门审批签字后，送达调度或变电站值班员。 （2）线路部分停电或支线停电：由线路运行部门或施工班组向线路运行管理部门申请停电并办理停电申请手续，经生产主管部门审批签字后，由批准申请部门和申请部门各保留一份。 （3）如停电作业需其他单位（包括用户）线路配合停电时，应由施工单位事先联系，送达书面停电申请，取得配合停电单位的同意，并要求配合停电单位做好停电、接地等安全措施。	
4	通知用户	停电日期确定后，由生产调度部门或用户管理部门提前7天（计划停电时）将具体停电时间电话或书面通知用户，并将通知人及用户接受通知人的姓名、通知时间等记入记录，以备查询。	"供电服务十项承诺"
5	填写签发工作票操作票	（1）工作票的填写与签发：由工作负责人根据工作性质提前一天（临时停电工作除外）填写"电力线路第一种工作票"（校正低压电杆时，应填写"低压第一种工作票"），经工作票签发人审核签字、工作负责人认可并签字后，一份留存工作票签发人或工作许可人处，另一份应提前交给工作负责人。	《电力安全工作规程》 2.3 4.2 《农村低压电气安全工作规程》 5.1.1

序号	内 容	标　　　　准	参照依据
5	填写签发工作票操作票	（2）操作票的填写与审核：由倒闸操作人根据发令人（值班调度员、变电站值班人员或设备运行部门人员）的操作指令，填写或打印倒闸操作票，操作人和监护人应根据模拟图或接线图核对所填写的操作项目和程序是否正确，确认无误后分别签名（事故应急处理和拉合开关或丝具的单一操作可以不使用操作票）。	《电力安全工作规程》2.3　4.2《农村低压电气安全工作规程》5.1.1
6	召开班前会	施工作业开始前，由现场工作负责人召开全体施工人员会议，进行技术交底和安全交底，分配工作任务。 （1）技术交底：工作负责人向全体施工人员交代施工方案、施工工艺、质量要求、作业注意等事项。 （2）安全交底：工作负责人向全体施工人员交代施工作业危险点及控制措施，该项工作主要的危险点及控制措施是： ①防触电伤害。A. 严防导线下落（意外脱落）触及带电线路。控制措施：a. 带电线路应配合停电；b. 杆上采取保险措施，严防导线脱落。B. 严防误登、误操作。控制措施：登杆前核对线路双重名称及杆号，确认无误后方可登杆，设专人监护以防误登、误操作。C. 严防返送电源和感应电。控制措施：拉开有可能返送电的线路开关或丝具，并挂接地线，在有可能产生感应电的地段加挂接地线或使用个人保安线。	《电力安全工作规程》2.3　6.2

序号	内容	标 准	参照依据
6	召开班前会	②防高空坠落。控制措施：A. 作业人员登杆前，检查登杆工具是否安全可靠，确认无误后方可登杆；B. 作业人员登杆时做到："脚踩稳、手扒牢、一步一步慢登高，到达位置第一要，安全皮带系牢靠"；C. 安全带应系在牢固可靠的构件上，工作位置转换后，应及时系好安全带。 ③防电杆倾倒伤人。控制措施：作业人员登杆前，观测估算电杆埋深及裂纹情况，确认稳固后方可登杆作业，必要时打临时拉线。 ④防高空坠物伤人。控制措施：A. 地勤人员尽量避免停留在杆下；B. 地勤人员戴好安全帽；C. 工具材料用绳索传递，尽量避免高空坠物；D. 操作跌落丝具时，操作人员应选好操作位置，防止丝具管跌落伤人。 （3）交代工作任务，进行人员分工，明确专责监护人的监护范围和被监护人及其安全责任等。如分组工作时，每个小组应指定工作负责人（监护人），并使用工作任务单。	《电力安全工作规程》 2.3 6.2
7	准备材料工器具	（1）材料：准备扎线等，要求规格型号正确、质量合格、数量满足需要。 （2）工器具：准备下列工器具，要求质量合格、安全可靠、数量满足需要。 ①停电操作工具：绝缘杆、验电器、高压发生器、接地线、绝缘手套、绝缘靴子、标示牌等。 ②登高工具：脚扣或踩板、安全帽、安全带等。	

序号	内容	标　　准	参照依据
7	准备材料工器具	③防护用具：个人保安线、防护服、绝缘鞋、手套等。 ④个人五小工具：电工钳、扳手、螺丝刀、小榔头、小绳等。 ⑤牵引工具：手扳葫芦、钢丝绳及钢丝绳套、工具 U 形环、绳索等。 ⑥其它工具：大榔头、钢锚钎、铁锨、铁镐、铁铲、夯土锤子等。	
8	出发前检查	出发前由工作负责人检查： (1) 检查人数、人员精神状态及身体状况。 (2) 检查所带材料是否规格型号正确、质量合格、数量满足需要。 (3) 检查所带工器具是否质量合格、安全可靠、数量满足需要。 (4) 检查交通工具是否良好，行车证照是否齐全。	
9	停电操作与许可工作	(1) 馈路停电： 1) 由变电站值班员根据调度命令或停电申请内容进行馈路停电操作（此操作必须填用"变电站倒闸操作票"，并按操作票所列程序进行操作），并做好接地等安全措施。 2) 线路运行部门或施工班组停复电联系人（现场工作许可人）接到调度或变电站许可（第一次许可）工作的命令后，负责组织现场停电操作并做好安全措施，操作前负责核对线路双重名称及杆号，确认无误后，	《电力安全工作规程》 2.4 3.2 3.3 3.4 4.2

序号	内容	标　　　准	参照依据
9	停电操作与许可工作	方可进行停电操作。以下操作按规定须用操作票时，应填用"电力线路倒闸操作票"，并按操作票所列程序进行操作。 　①断开需要现场操作的线路各端（含分支线）开关、刀闸或丝具。 　②断开危及线路停电作业，且不能采取相应措施的交叉跨越、平行或接近和同杆（塔）架设线路（包括外单位和用户线路）的开关、刀闸或丝具。 　③断开有可能返回低压电源和其他延伸至施工现场的低压线路电源开关。 　④在上述线路各端已断开的开关或刀闸的操作机构上应加锁；三相丝具的熔丝管应取下；并在上述开关、刀闸或丝具的操作机构醒目位置悬挂"线路有人工作，禁止合闸！"的标示牌。 　⑤在线路各端（包括无断开点且有可能返送电的支线上）应逐一验电、挂接地线，在有可能产生感应电的地段加挂接地线。 　上述停电、验电、挂接地线等安全措施完成后，现场工作许可人方可向工作负责人下达许可（第二次许可）工作的命令。 　（2）线路部分停电或支线停电： 　由线路运行部门或施工班组停复电联系人（现场工作许可人）负责组织现场停电操作并做好安全措施，操作前负责核对线路名称及杆号，确认无误后，方可进行停电操作。以下操作按规定须用操作票时，应填用	《电力安全工作规程》 2.4 3.2 3.3 3.4 4.2

序号	内 容	标　　　准	参照依据
9	停电操作与许可工作	"电力线路倒闸操作票",并按操作票所列程序进行操作。 　①先断开电源侧开关、刀闸或丝具,再断开需要现场操作的线路各端(含分支线)开关、刀闸或丝具。 　②断开危及线路停电作业,且不能采取相应措施的交叉跨越、平行或接近和同杆(塔)架设线路(包括外单位和用户线路)的开关、刀闸或丝具。 　③断开有可能返回低压电源和其他延伸至施工现场的低压线路电源开关。 　④在上述线路各端已断开的开关或刀闸的操作机构上应加锁;三相丝具的熔丝管应取下;并在上述开关、刀闸或丝具的操作机构醒目位置悬挂"线路有人工作,禁止合闸!"的标示牌。 　⑤在线路各端(包括无断开点且有可能返送电的支线上)应逐一验电、挂接地线,在有可能产生感应电的地段加挂接地线。 　上述停电、验电、挂接地线等安全措施完成后,现场工作许可人方可向工作负责人下达许可工作的命令。 　(3)低压线路停电: 　由线路运行部门人员或工作班组人员担任现场工作许可人,现场工作许可人负责核对并确认变压器台区名称和停电线路名称,组织停电操作并布置现场安全措施。 　①拉开台区变压器低压总开关或分路开关,摘下熔丝管,在开关线	《电力安全工作规程》 2.4 3.2 3.3 3.4 4.2

序号	内 容	标　　　准	参照依据
9	停电操作与许可工作	侧验电、挂接地线，在开关把手醒目位置悬挂"线路有人工作，禁止合闸！"的标示牌。如开关在室（箱）内，则配电室（箱）应加锁。以上安全措施完成后，工作许可人向工作负责人下达许可工作的命令。 　　②工作负责人接到工作许可人许可工作的命令后，下令开始工作。 　　（4）工作许可人在向工作负责人发出许可工作的命令前，应将工作班组名称、数目、工作负责人姓名、工作地点和工作任务等记入记录簿内。 　　（5）许可开始工作的命令，应由工作许可人亲自下达给工作负责人。电话下达时，工作许可人及工作负责人应记录清楚明确，并复诵核对无误；当面下达时，工作许可人和工作负责人都应在工作票上记录许可时间，并签名（如现场工作许可人不直接参与监护和操作，而由他人监护和操作时，现场工作许可人必须在现场亲自目睹操作全过程，并确认操作结果）。 　　（6）填用第一种工作票进行工作，工作负责人应在得到全部工作许可人的许可后，方可开始工作。所谓全部工作许可人，是指直接向工作负责人下达许可工作命令的所有工作许可人。 　　1）馈路停电时，工作许可人包括： 　　①调度或变电站值班员（工作负责人直接担任停复电联系人）或中间停	《电力安全工作规程》 2.4 3.2 3.3 3.4 4.2

序号	内容	标　　准	参照依据
9	停电操作与许可工作	复电联系人（经中间停复电联系人向工作负责人下达许可工作的命令）。 ②若干个现场工作许可人（实施现场各方停电操作人或操作负责人）。 ③外单位或用户工作许可人（外单位或用户线路配合停电的联系人）。 2）线路部分停电或支线停电时，工作许可人包括： ①若干个现场工作许可人（实施现场各方停电操作人或操作负责人）。 ②外单位或用户工作许可人（外单位或用户线路配合停电的联系人）。	《电力安全工作规程》 2.4 3.2 3.3 3.4 4.2
10	宣读工作票	工作负责人在得到全部工作许可人许可工作的命令后： （1）认真核对线路双重名称及杆号，并确认无误。 （2）列队宣读工作票： ①交代工作任务，明确工作内容及工艺质量要求。 ②交代安全措施，明确停电范围及保留带电设备及带电部位，告知危险点及现场采取的安全措施，补充其他安全注意事项。 ③明确人员分工及安全责任，根据工作性质和危险程度，如设专人监护时，应明确专责监护人的监护范围和被监护人及其安全责任；如分组作业时，应明确指定小组工作负责人（监护人），并使用工作任务单。	《电力安全工作规程》 2.3 2.5

序号	内 容	标 准	参照依据
10	宣读工作票	④现场提问1～2名作业人员，确认所有作业人员都清楚安全措施、明白工作内容后，所有作业人员在工作票上签名。 ⑤工作负责人下令开始工作。	《电力安全工作规程》 2.3 2.5
11	校正电杆	(1) 登杆前检查（三确认）： ①作业人员核对线路名称及杆号，确认无误后方可登杆。 ②作业人员观测估算电杆埋深及裂纹情况，确认稳固后方可登杆。 ③作业人员检查登高工具是否安全可靠，确认无误后方可登杆。 (2) 登杆作业： ①作业人员在杆上横担处绑好2～3条牵引绳，地勤人员将牵引绳拉紧固定在锚钎上。 ②如系垂直线路方向校正，则不必解开扎线，如系顺线路方向校正，则应解开扎线。作业人员在解开扎线前，先用绳索将导线悬挂在横担以上，以防导线意外脱落，如作业档下方有带电线路时，待解开扎线后，再次将导线可靠地控制在横担以上，检查无误后，立即下杆。 ③地勤人员挖开杆根硬土至适当深度（以防电杆裂纹），解开并拉动牵引绳将电杆校正至理想状态，回填夯实后，作业人员可登杆恢复导线扎线，拆除绳索，检查无误后下杆、校杆作业即告结束。	《电力安全工作规程》 6.2

序号	内容	标　　准	参照依据
12	检查验收	（1）施工作业结束后，工作负责人依据施工验收规范对施工工艺、质量进行自查验收，合格后，命令作业人员撤离现场。 （2）通知运行单位进行验收。	《施工验收规范》
13	工作终结与恢复送电	（1）停电作业结束后，工作负责人应履行下列职责： 1）工作负责人认为工作已结束，并在得到所有小组负责人工作结束的汇报后，应检查线路施工地段的状况，确认在杆塔上、导线上、绝缘子串上及其他辅助设备上没有遗留的个人保安线、工具、材料等，检查清点并确认全部作业人员已由杆塔上撤离，将全部作业人员集中一处，宣布："××线路已视同带电，禁止任何人再登杆作业"，如个别作业人员不能集中时，工作负责人必须设法通知到本人。 2）工作负责人分别向全部工作许可人汇报： ①对调度或变电站值班员（工作许可人）或运检分设，对线路运行部门现场工作许可人的汇报："工作负责人×××向你汇报，××单位××班组在×处（说明起止杆号、分支线路名称等）停电工作已全部结束，本班组作业人员已全部撤离现场，经检查确认线路上无遗留物，××线路可以恢复送电"。 ②运检合一，对本班组现场工作许可人的汇报："××班组在××线路	《电力安全工作规程》2.7

序号	内 容	标　　　准	参照依据
13	工作终结与恢复送电	上×处（说明起止杆号、分支线路名称等）停电工作已全部结束，作业人员已全部撤离线路，经检查确认线路上无遗留物，可拆除接地线等安全措施，恢复线路供电。" ③对外单位或用户配合停电工作许可人的汇报："工作负责人×××向你汇报，××单位××班组停电工作已全部结束，你单位配合停电的线路可恢复送电"。 （2）停电工作结束后，各方工作许可人应履行下列职责： ①调度或变电站值班员（工作许可人）在接到所有工作负责人（包括用户）的完工报告后，与记录簿核对工作班组名称和工作负责人姓名，确认无误后，拆除安全措施，恢复送电（送电操作应填用"变电站倒闸操作票"，并按操作票所列程序进行操作）。 ②运检分设，线路运行部门现场工作许可人在接到所有工作负责人（包括用户）的完工报告后，与记录簿核对工作班组名称和工作负责人姓名，确认无误后，检查确认全部工作结束，全部工作人员已撤离线路，下令拆除接地线等现场安全措施，全部安全措施拆除后，核对清点接地线、标示牌数目，确认无误后，合上线路各端断开的开关、刀闸或丝具，恢复线路供电（以上操作按规定须用操作票时，应填用"电力线路倒闸	《电力安全工作规程》2.7

序号	内 容	标　　准	参照依据
13	工作终结与恢复送电	操作票"，并按操作票所列程序进行操作）。 　　③运检合一，本班组现场工作许可人在接到本班组工作负责人已完工和可拆除安全措施、恢复线路供电的报告后，与记录簿核对工作班组名称和工作负责人姓名，检查确认全部工作已结束、全部工作人员已撤离线路、线路上无遗留物后，组织拆除接地线等安全措施，全部安全措施拆除完毕后，核对清点接地线、标示牌数目，确认无误后，合上线路各端断开的开关、刀闸或丝具，恢复线路供电（以上操作按规定须用操作票时，应填用"电力线路倒闸操作票"，并按操作票所列程序进行操作）。 　　（3）低压线路停电工作结束、恢复送电可参照以上程序进行。	《电力安全工作规程》 2.7
14	召开班后会	工作结束后，工作负责人组织全体施工人员召开班后会，总结工作经验和存在的问题，制定改进措施。	
15	资料归档	施工单位技术人员将变动后的设备情况以书面形式移交给运行单位存档。	

七、校正 10kV 及以下线路耐张（T 接、终端）水泥杆

（一）校正 10kV 及以下线路耐张（T 接、终端）水泥杆标准作业流程图

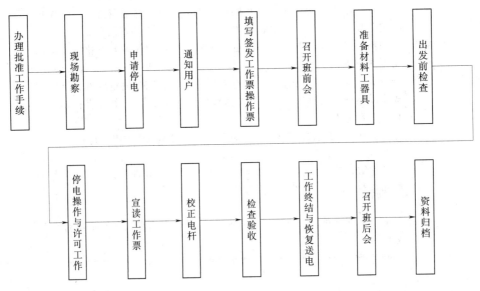

（二）校正 10kV 及以下线路耐张（T 接、终端）水泥杆标准作业流程

序号	内容	标　　准	参照依据
1	办理批准工作手续	施工班组根据线路电压等级向主管部门提出工作申请，经批准方可进行工作（主管部门应以书面形式批准工作）。	
2	现场勘察	（1）进行较为复杂的电力线路施工作业或相关人员（生产、安全管理人员或工作票签发人和工作负责人）认为有必要进行现场勘察的施工作业，由现场工作负责人组织相关人员（施工技术、安监人员）进行现场勘察，并做好勘察记录。确定现场作业危险点及控制措施，制定现场施工方案。 （2）现场勘察的内容： ①落实施工作业需要停电的范围（停电设备名称及所属单位）、保留带电设备及带电部位。 ②落实施工作业涉及的交叉跨越（电力线路、弱电线路、铁路、公路、建筑物、种植物等）。 ③查看施工现场条件和环境（施工运输道路、种植物损毁赔付等）。 （3）根据现场勘察结果，对施工危险性、复杂性和困难程度较大的施工作业项目，应编制组织措施、技术措施和安全措施，经本单位主管安全生产领导批准后执行。	《电力安全工作规程》2.2

序号	内容	标　　准	参照依据
3	申请停电	施工日期确定后，应提前一天送达书面停电申请。 （1）馈路停电：由线路运行部门办理停电申请手续，经生产主管或调度部门审批签字后，送达调度或变电站值班员。 （2）线路部分停电或支线停电：由线路运行部门或施工班组向线路运行管理部门申请停电并办理停电申请手续，经生产主管部门审批签字后，由批准申请部门和申请部门各保留一份。 （3）如停电作业需其他单位（包括用户）线路配合停电时，应由施工单位事先联系，送达书面停电申请，取得配合停电单位的同意，并要求配合停电单位做好停电、接地等安全措施。	
4	通知用户	停电日期确定后，由生产调度部门或用户管理部门提前 7 天（计划停电时）将具体停电时间电话或书面通知用户，并将通知人及用户接受通知人的姓名、通知时间等记入记录，以备查询。	"供电服务十项承诺"
5	填写签发工作票操作票	（1）工作票的填写与签发：由工作负责人根据工作性质提前一天（临时停电工作除外）填写"电力线路第一种工作票"（校正低压电杆时，应填写"低压第一种工作票"），经工作票签发人审核签字、工作负责人认可并签字后，一份留存工作票签发人或工作许可人处，另一份应提前交给工作负责人。 （2）操作票的填写与审核：由倒闸操作人根据发令人（值班调度员、	《电力安全工作规程》2.3　4.2《农村低压电气安全规程》5.1.1

序号	内 容	标　　　准	参照依据
5	填写签发工作票操作票	变电站值班人员或设备运行部门人员）的操作指令，填写或打印倒闸操作票，操作人和监护人应根据模拟图或接线图核对所填写的操作项目和程序是否正确，确认无误后分别签名（事故应急处理和拉合开关或丝具的单一操作可以不使用操作票）。	《电力安全工作规程》2.3　4.2《农村低压电气安全规程》5.1.1
6	召开班前会	施工作业开始前，由现场工作负责人召开全体施工人员会议，进行技术交底和安全交底，分配工作任务。 　　（1）技术交底：工作负责人向全体施工人员交代施工方案、施工工艺、质量要求、作业注意等事项。 　　（2）安全交底：工作负责人向全体施工人员交代施工作业危险点及控制措施，该项工作主要的危险点及控制措施是： 　　①防触电伤害。A. 严防导线下落时触及带电线路。控制措施：带电线路应配合停电。B. 严防误登、误操作。控制措施：登杆前应对线路双重名称及杆号，确认无误后方可登杆，设专人监护以防误登、误操作。C. 严防返送电源和感应电。控制措施：拉开有可能返送电的线路开关或丝具，并挂接地线，在有可能产生感应电的地段加挂接地线或使用个人保安线。 　　②防高空坠落。控制措施：A. 作业人员登杆前，检查登杆工具是否安全可靠，确认无误后方可登杆；B. 作业人员登杆时做到："脚踩稳、手扒牢、一步一步慢登高，到达位置第一要，安全皮带系牢靠"；C. 安全	《电力安全工作规程》2.3　6.2

71

序号	内容	标 准	参照依据
6	召开班前会	带应系在牢固可靠的构件上，工作位置转换后，应及时系好安全带。 ③防电杆倾倒伤人。控制措施：作业人员登杆前，观测估算电杆埋深及裂纹情况，确认稳固后方可登杆作业，必要时打临时拉线。 ④防高空坠物伤人。控制措施：A. 地勤人员尽量避免停留在杆下；B. 地勤人员戴好安全帽；C. 工具材料用绳索传递，尽量避免高空坠物；D. 操作跌落丝具时，操作人员应选好操作位置，防止丝具管跌落伤人。 （3）交代工作任务，进行人员分工，明确专责监护人的监护范围和被监护人及其安全责任等。	《电力安全工作规程》 2.3 6.2
7	准备材料工器具	（1）材料：准备扎线、铝包带、铁丝等，要求规格型号正确、质量合格、数量满足需要。 （2）工器具：准备下列工器具，要求质量合格、安全可靠、数量满足需要。 ①停电操作工具：绝缘杆、验电器、高压发生器、接地线、绝缘手套、绝缘靴子、标示牌等。 ②登高工具：脚扣或踩板、安全帽、安全带等。 ③防护用具：个人保安线、防护服、绝缘鞋、手套等。 ④个人五小工具：电工钳、扳手、螺丝刀、小榔头、小绳等。 ⑤牵引工具：手搬葫芦、双钩紧线器、紧线钳及三角钳头、钢丝绳、工具U形环、绳索等。 ⑥其它工具：铁锹、铁镐、夯土锤子等。	

序号	内 容	标　　准	参照依据
8	出发前检查	出发前由工作负责人检查： （1）检查人数、人员精神状态及身体状况。 （2）检查所带材料是否规格型号正确、质量合格、数量满足需要。 （3）检查所带工器具是否质量合格、安全可靠、数量满足需要。 （4）检查交通工具是否良好，行车证照是否齐全。	
9	停电操作与许可工作	（1）馈路停电： 　1）由变电站值班员根据调度命令或停电申请内容进行馈路停电操作，（此操作必须填用"变电站倒闸操作票"，并按操作票所列程序进行操作）并做好接地等安全措施。 　2）线路运行部门或施工班组停复电联系人（现场工作许可人）接到调度或变电站许可（第一次许可）工作的命令后，负责组织现场停电操作并做好安全措施，操作前负责核对线路双重名称及杆号，确认无误后，方可进行停电操作。以下操作按规定须用操作票时，应填用"电力线路倒闸操作票"，并按操作票所列程序进行操作。 　①断开需要现场操作的线路各端（含分支线）开关、刀闸或丝具。 　②断开危及线路停电作业，且不能采取相应措施的交叉跨越、平行或接近和同杆（塔）架设线路（包括外单位和用户线路）的开关、刀闸或丝具。	《电力安全工作规程》 2.4 3.2 3.3 3.4 4.2

序号	内　容	标　　　准	参照依据
9	停电操作与许可工作	③断开有可能返回低压电源和其他延伸至施工现场的低压线路电源开关。 ④在上述线路各端已断开的开关或刀闸的操作机构上应加锁；三相丝具的熔丝管应取下；并在上述开关、刀闸或丝具的操作机构醒目位置悬挂"线路有人工作，禁止合闸！"的标示牌。 ⑤在线路各端（包括无断开点且有可能返送电的支线上）应逐一验电、挂接地线，在有可能产生感应电的地段加挂接地线。 　上述停电、验电、挂接地线等安全措施完成后，现场工作许可人方可向工作负责人下达许可（第二次许可）工作的命令。 （2）线路部分停电或支线停电： 　由线路运行部门或施工班组停复电联系人（现场工作许可人）负责组织现场停电操作并做好安全措施，操作前负责核对线路名称及杆号，确认无误后，方可进行停电操作。以下操作按规定须用操作票时，应填用"电力线路倒闸操作票"，并按操作票所列程序进行操作。 ①先断开电源侧开关、刀闸或丝具，再断开需要现场操作的线路各端（含分支线）开关、刀闸或丝具。 ②断开危及线路停电作业，且不能采取相应措施的交叉跨越、平行或接近和同杆（塔）架设线路（包括外单位和用户线路）的开关、刀闸或丝具。 ③断开有可能返回低压电源和其他延伸至施工现场的低压线路电源开关。	《电力安全工作规程》 2.4 3.2 3.3 3.4 4.2

序号	内 容	标　　　准	参照依据
9	停电操作与许可工作	④在上述线路各端已断开的开关或刀闸的操作机构上应加锁；三相丝具的熔丝管应取下；并在上述开关、刀闸或丝具的操作机构醒目位置悬挂"线路有人工作，禁止合闸！"的标示牌。 ⑤在线路各端（包括无断开点且有可能返送电的支线上）应逐一验电、挂接地线，在有可能产生感应电的地段加挂接地线。 　　上述停电、验电、挂接地线等安全措施完成后，现场工作许可人方可向工作负责人下达许可工作的命令。 　　（3）低压线路停电： 　　由线路运行部门人员或工作班组人员担任现场工作许可人，现场工作许可人负责核对并确认变压器台区名称和停电线路名称，组织停电操作并布置现场安全措施。 ①拉开台区变压器低压总开关或分路开关，摘下熔丝管，在开关线路侧验电、挂接地线，在开关把手醒目位置悬挂"线路有人工作，禁止合闸！"的标示牌。如开关在室（箱）内，则配电室（箱）应加锁。以上安全措施完成后，工作许可人向工作负责人下达许可工作的命令。 ②工作负责人接到工作许可人许可工作的命令后，下令开始工作。 　　（4）工作许可人在向工作负责人发出许可工作的命令前，应将工作班组名称、数目、工作负责人姓名、工作地点和工作任务等记入记录簿内。	《电力安全工作规程》 2.4 3.2 3.3 3.4 4.2

序号	内容	标　准	参照依据
9	停电操作与许可工作	（5）许可开始工作的命令，应由工作许可人亲自下达给工作负责人。电话下达时，工作许可人及工作负责人应记录清楚明确，并复诵核对无误；当面下达时，工作许可人和工作负责人都应在工作票上记录许可时间，并签名（如现场工作许可人不直接参与监护或操作，而由他人监护和操作时，现场工作许可人必须在现场亲自目睹操作全过程，并确认操作结果）。 （6）填用第一种工作票进行工作，工作负责人应在得到全部工作许可人的许可后，方可开始工作。所谓全部工作许可人，是指直接向工作负责人下达许可工作命令的所有工作许可人。 　1）馈路停电时，工作许可人包括： ①调度或变电站值班员（工作负责人直接担任停复电联系人）或中间停复电联系人（经中间停复电联系人向工作负责人下达许可工作的命令）。 ②若干个现场工作许可人（实施现场各方停电操作人或操作负责人）。 ③外单位或用户工作许可人（外单位或用户线路配合停电的联系人）。 　2）线路部分停电或支线停电时，工作许可人包括： ①若干个现场工作许可人（实施现场各方停电操作人或操作负责人）。 ②外单位或用户工作许可人（外单位或用户线路配合停电的联系人）。	《电力安全工作规程》 2.4 3.2 3.3 3.4 4.2

序号	内容	标　　　　准	参照依据
10	宣读工作票	工作负责人在得到全部工作许可人许可工作的命令后， (1) 认真核对线路双重名称及杆号，并确认无误。 (2) 列队宣读工作票： ①交代工作任务，明确工作内容及工艺质量要求。 ②交代安全措施，明确停电范围及保留带电设备及带电部位，告知危险点及现场采取的安全措施，补充其他安全注意事项。 ③明确人员分工及安全责任，根据工作性质和危险程度，如设专人监护时，应明确专责监护人的监护范围和被监护人及其安全责任；如分组作业时，应明确指定小组工作负责人（监护人），并使用工作任务单。 ④现场提问 1～2 名作业人员，确认所有作业人员都清楚安全措施、明白工作内容后，所有作业人员在工作票上签名。 ⑤工作负责人下令开始工作。	《电力安全工作规程》 2.3 2.5
11	校正电杆	(1) 登杆前检查（三确认）： ①作业人员核对线路名称及杆号，确认无误后方可登杆。 ②作业人员观测估算电杆埋深及裂纹情况，确认稳固后方可登杆。 ③作业人员检查登高工具是否安全可靠，确认无误后方可登杆。 (2) 登杆作业：	《电力安全工作规程》 6.2

序号	内 容	标 准	参照依据
11	校正电杆	方案一：小幅度校正电杆。 　　如耐张杆倾斜度较小，可在不松开耐张杆导线的情况下，采用直接调整拉线的方法，达到校正的目的（但应注意，校正电杆引起导线弛度变化应在允许范围内，否则此法不妥），其方法如下： 　　①作业人员登上直线杆，解开耐张段内若干基直线杆上扎线，将导线落在横担上或放入滑轮内后，立即下杆。 　　②作业人员登上耐张杆，在横担处绑好钢丝绳后立即下杆。地勤人员适当挖开杆根硬土（以防电杆裂纹），再将牵引器具连接在地锚上，收紧钢丝绳，将电杆校正至理想状态。 　　③回填夯实后，地勤人员调整或拆开拉线下端，收紧拉线使拉线处于完全受力状态，再重新做好拉线，检查无误后，松开牵引器具。 　　④作业人员登杆拆除钢丝绳，其他人员登上直线杆重新扎好导线，检查无误后即可下杆、校杆作业结束。 方案二：较大幅度校正电杆。 　　作业人员登上直线杆，先解开耐张段内若干基直线杆上扎线，将导线落在横担上或放入滑轮内后，立即下杆。 　　方法一（不落下导线）：作业人员登上耐张杆，在横担处绑好钢丝绳，挂好紧线器和三只滑轮，将三个三角钳头分别卡在三相导线上，将三	《电力安全工作规程》6.2

序号	内 容	标 准	参照依据
11	校正电杆	根牵引绳分别通过滑轮与三角钳头连接，另一端掌握在地勤人员手中或固定在锚钎上，杆上人员拆开引流线，用紧线器收紧导线，使耐张线夹处于松弛状态，拆开耐张线夹卡线螺丝，地勤人员拉紧牵引绳使紧线器处于松弛状态，杆上人员松开紧线器，地勤人员适当松动牵引绳后，将三根牵引绳固定在地锚上。 方法二（落下导线）： 1）固定导线：耐张杆松线时，必须采取某种方法将导线加以固定，以免拉歪（倒）直线杆电杆、横担或绝缘子。其固定方法如下： ①杆上固定：作业人员登上第一基（与耐张杆相邻）直线杆，用钢丝绳或绳索打好临时拉线，解开三相扎线，用三角钳头或多股扎线将导线紧靠横担固定在电杆上（注意不得损伤导线）。 ②杆根固定：A. 耐张杆未松线前固定：作业人员登上第一基（与耐张杆相邻）直线杆，解开扎线，将导线下落至地面（如导线未能落至地面时，继续落下下一基直线杆上导线，直至导线落地为止），用三角钳头和绳索将导线固定在杆根；B. 耐张杆松线过程中固定：作业人员登上第一基（与耐张杆相邻）直线杆，解开扎线，将导线落下，待耐张杆上松线至地面人员可抓着时，将导线拉紧用三角钳头和绳索固定在杆根。 ③锚钎固定：地勤人员在耐张杆倒杆距离以外埋设锚钎，作业人员登	《电力安全工作规程》6.2

序号	内 容	标　　　准	参照依据
11	校正电杆	上第一基（与耐张杆相邻）直线杆，解开扎线，将导线落下，待耐张杆上松线至地面人员可抓着时，将导线拉紧用三角钳头和绳索固定在锚钎上。 　2）耐张杆松线：作业人员登上耐张杆，在横担处绑好钢丝绳，地勤人员将钢丝绳与牵引机具连接，杆上人员解开引流线，挂好紧线器和滑轮，将三角钳头卡在导线上，将牵引绳通过滑轮与三角钳头连接，另一端掌握在地勤人员手中，杆上人员用紧线器收紧导线，使绝缘子串处于松弛状态，取出耐张线夹连接螺栓，地勤人员拉紧牵引绳使紧线器处于松弛状态，杆上人员松开紧线器，地勤人员松动牵引绳将导线下落至地面。其余各相如法操作。 　采用杆上固定或耐张杆未松线前固定时，耐张杆松线后不必再作固定；如采用耐张杆松线过程中固定时，则应待耐张杆导线下落时，将导线拉紧用三角钳头和绳索固定在杆根或锚钎上。 　3）根据现场工作需要，可松开两侧六根导线，也可松开一侧三根导线，具体方案视其具体情况来确定。按上述方法一或方法二将导线固定后： 　①地勤人员挖开杆根硬土至适当深度（以防电杆裂纹）、用牵引器具收紧钢丝绳，将电杆校正至理想状态。 　②回填夯实后，地勤人员拆开拉线下端，收紧拉线使拉线处于完全受力状态，重新做好拉线并检查无误。采用方法一时，杆上人员即可紧线	《电力安全工作规程》 6.2

序号	内 容	标　　准	参照依据
11	校正电杆	做头。采用方法二时，地勤人员解开固定在杆根或锚钎上的导线，拉动牵引绳将导线升至横担位置。 　　③杆上人员用紧线器收紧导线，将导线重新固定在耐张线夹内，做好引流线，检查无误后，拆除紧线器、钢丝绳、牵引绳、滑轮等，人员即可下杆。 　　④其他作业人员登上直线杆重新扎好扎线，检查无误后即可下杆、校杆作业结束。	《电力安全工作规程》6.2
12	检查验收	（1）施工作业结束后，工作负责人依据施工验收规范对施工工艺、质量进行自查验收，合格后，命令作业人员撤离现场。 　　（2）通知运行单位进行验收。	《施工验收规范》
13	工作终结与恢复送电	（1）停电作业结束后，工作负责人应履行下列职责： 　　1）工作负责人认为工作已结束，并在得到所有小组负责人工作结束的汇报后，应检查线路施工地段的状况，确认在杆塔上、导线上、绝缘子串上及其他辅助设备上没有遗留的个人保安线、工具、材料等，检查清点并确认全部作业人员已由杆塔上撤离，将全部作业人员集中一处，宣布："××线路已视同带电，禁止任何人再登杆作业"，如个别作业人员不能集中时，工作负责人必须设法通知到本人。 　　2）工作负责人分别向全部工作许可人汇报：	《电力安全工作规程》2.7

序号	内 容	标　　　准	参照依据
13	工作终结与恢复送电	①对调度或变电站值班员（工作许可人）或运检分设，对线路运行部门现场工作许可人的汇报："工作负责人×××向你汇报，××单位××班组在×处（说明起止杆号、分支线路名称等）停电工作已全部结束，本班组作业人员已全部撤离现场，经检查确认线路上无遗留物，××线路可以恢复送电"。 ②运检合一，对本班组现场工作许可人的汇报："××班组在××线路上×处（说明起止杆号、分支线路名称等）停电工作已全部结束，作业人员已全部撤离线路，经检查确认线路上无遗留物，可拆除接地线等安全措施，恢复线路供电。" ③对外单位或用户配合停电工作许可人的汇报："工作负责人×××向你汇报，××单位××班组停电工作已全部结束，你单位配合停电的线路可恢复送电"。 （2）停电工作结束后，各方工作许可人应履行下列职责： ①调度或变电站值班员（工作许可人）在接到所有工作负责人（包括用户）的完工报告后，与记录簿核对工作班组名称和工作负责人姓名，确认无误后，拆除安全措施，恢复送电。（送电操作应填用"变电站倒闸操作票"，并按操作票所列程序进行操作）。 ②运检分设，线路运行部门现场工作许可人在接到所有工作负责人（包	《电力安全工作规程》2.7

序号	内容	标　　　准	参照依据
13	工作终结与恢复送电	括用户）的完工报告后，与记录簿核对工作班组名称和工作负责人姓名，确认无误后，检查确认全部工作结束、全部工作人员已撤离线路，下令拆除接地线等现场安全措施，全部安全措施拆除后，核对清点接地线、标示牌数目，确认无误后，合上线路各端断开的开关、刀闸或丝具，恢复线路供电（以上操作按规定须用操作票时，应填用"电力线路倒闸操作票"，并按操作票所列程序进行操作）。 ③运检合一，本班组现场工作许可人在接到本班组工作负责人已完工和可拆除安全措施、恢复线路供电的报告后，与记录簿核对工作班组名称和工作负责人姓名，检查确认全部工作已结束、全部工作人员已撤离线路、线路上无遗留物后，组织拆除接地线等安全措施，全部安全措施拆除完毕后，核对清点接地线、标示牌数目，确认无误后，合上线路各端断开的开关、刀闸或丝具，恢复线路供电（以上操作按规定须用操作票时，应填用"电力线路倒闸操作票"，并按操作票所列程序进行操作）。 （3）低压线路停电工作结束、恢复送电可参照以上程序进行。	《电力安全工作规程》2.7
14	召开班后会	工作结束后，工作负责人组织全体施工人员召开班后会，总结工作经验和存在的问题，制定改进措施。	
15	资料归档	施工单位技术人员将变动后的设备情况以书面形式移交给运行单位存档。	

八、更换 10kV 及以下线路直线（小转角）杆横担

（一）更换 10kV 及以下线路直线（小转角）杆横担标准作业流程图

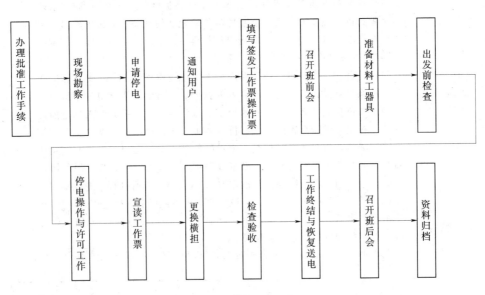

办理批准工作手续 → 现场勘察 → 申请停电 → 通知用户 → 填写签发工作票操作票 → 召开班前会 → 准备材料工器具 → 出发前检查 → 停电操作与许可工作 → 宣读工作票 → 更换横担 → 检查验收 → 工作终结与恢复送电 → 召开班后会 → 资料归档

（二）更换 10kV 及以下线路直线（小转角）杆横担标准作业流程

序号	内 容	标 准	参照依据
1	办理批准 工作手续	施工班组根据线路电压等级向主管部门提出工作申请，经批准方可进行工作（主管部门应以书面形式批准工作）。	
2	现场勘察	（1）进行较为复杂的电力线路施工作业或相关人员（生产、安全管理人员或工作票签发人和工作负责人）认为有必要进行现场勘察的施工作业，由现场工作负责人组织相关人员（施工技术、安监人员）进行现场勘察，并做好勘察记录。确定现场作业危险点及控制措施，制定现场施工方案。 （2）现场勘察的内容： ①落实施工作业需要停电的范围（停电设备名称及所属单位）、保留带电设备及带电部位。 ②落实施工作业涉及的交叉跨越（电力线路、弱电线路、铁路、公路、建筑物、种植物等）。 ③落实所需材料、设备的规格、型号和数量。 ④查看施工现场条件和环境（施工运输道路、种植物损毁赔付等）。 （3）根据现场勘察结果，对施工危险性、复杂性和困难程度较大的施工作业项目，应编制组织措施、技术措施和安全措施，经本单位主管安全生产领导批准后执行。	《电力安全工作规程》2.2

序号	内容	标　　准	参照依据
3	申请停电	施工日期确定后，应提前一天送达书面停电申请。 （1）馈路停电：由线路运行部门办理停电申请手续，经生产主管或调度部门审批签字后，送达调度或变电站值班员。 （2）线路部分停电或支线停电：由线路运行部门或施工班组向线路运行管理部门申请停电并办理停电申请手续，经生产主管部门审批签字后，由批准申请部门和申请部门各保留一份。 （3）如停电作业需其他单位（包括用户）线路配合停电时，应由施工单位事先联系，送达书面停电申请，取得配合停电单位的同意，并要求配合停电单位做好停电、接地等安全措施。	
4	通知用户	停电日期确定后，由生产调度部门或用户管理部门提前 7 天（计划停电时）将具体停电时间电话或书面通知用户，并将通知人及用户接受通知人的姓名、通知时间等记入记录，以备查询。	"供电服务十项承诺"
5	填写签发工作票操作票	（1）工作票的填写与签发：由工作负责人根据工作性质提前一天（临时停电工作除外）填写"电力线路第一种工作票"（更换低压横担时，应填写"低压第一种工作票"），经工作票签发人审核签字、工作负责人认可并签字后，一份留存工作票签发人或工作许可人处，另一份应提前交给工作负责人。 （2）操作票的填写与审核：由倒闸操作人根据发令人（值班调度员、	《电力安全工作规程》 2.3 4.2 《农村低压电气安全工作规程》 5.1.1

序号	内容	标　准	参照依据
5	填写签发工作票操作票	变电站值班人员或设备运行部门人员）的操作指令，填写或打印倒闸操作票，操作人和监护人应根据模拟图或接线图核对所填写的操作项目和程序是否正确，确认无误后分别签名（事故应急处理和拉合开关或丝具的单一操作可以不使用操作票）。	《电力安全工作规程》2.3 4.2 《农村低压电气安全工作规程》5.1.1
6	召开班前会	施工作业开始前，由现场工作负责人召开全体施工人员会议，进行技术交底和安全交底，分配工作任务。 　（1）技术交底：工作负责人向全体施工人员交代施工方案、施工工艺、质量要求、作业注意等事项。 　（2）安全交底：工作负责人向全体施工人员交代施工作业危险点及控制措施，该项工作主要的危险点及控制措施是： 　①防触电伤害。A.严防导线下落（意外脱落）触及带电线路。控制措施：a.带电线路应配合停电；b.杆上采取保险措施，严防导线脱落。B.严防误登、误操作。控制措施：登杆前核对线路双重名称及杆号，确认无误后方可登杆，设专人监护以防误登、误操作。C.严防返送电源和感应电。控制措施：拉开有可能返送电的线路开关或丝具，并挂接地线，在有可能产生感应电的地段加挂接地线或使用个人保安线。 　②防高空坠落。控制措施：A.作业人员登杆前，检查登杆工具是否安	《电力安全工作规程》2.3 6.2

序号	内 容	标　　准	参照依据
6	召开班前会	全可靠，确认无误后方可登杆；B. 作业人员登杆时做到："脚踩稳、手扒牢、一步一步慢登高，到达位置第一要，安全皮带系牢靠"；C. 安全带应系在牢固可靠的构件上，工作位置转换后，应及时系好安全带。 ③防高空坠物伤人。控制措施：A. 地勤人员尽量避免停留在杆下；B. 地勤人员戴好安全帽；C. 工具材料用绳索传递，尽量避免高空坠物；D. 操作跌落丝具时，操作人员应选好操作位置，防止丝具管跌落伤人。 ④防电杆倾倒伤人。控制措施：作业人员登杆前，观测估算电杆埋深及裂纹情况，确认稳固后方可登杆作业，必要时打临时拉线。 （3）交代工作任务，进行人员分工，明确专责监护人的监护范围和被监护人及其安全责任等。如分组工作时，每个小组应指定工作负责人（监护人），并使用工作任务单。	《电力安全工作规程》2.3 6.2
7	准备材料工器具	根据线路原杆型准备材料及工器具。 （1）材料：准备横担、扎线（杆顶铁、铁担包箍针式绝缘子备用），要求规格型号正确、质量合格、数量满足需要。 （2）工器具：准备下列工器具，要求质量合格、安全可靠、数量满足需要。 ①停电操作工具：绝缘杆、验电器、高压发生器、接地线、绝缘手套、绝缘靴子、标示牌等。 ②登高工具：脚扣或踩板、安全帽、安全带等。	

序号	内 容	标　　准	参照依据
7	准备材料工器具	③防护用具：个人保安线、防护服、绝缘鞋、手套等。 ④个人五小工具：电工钳、扳手、螺丝刀、小榔头、小绳等。 ⑤牵引工具：钢丝绳套、工具U形环、滑轮、绳索等。	
8	出发前检查	出发前由工作负责人检查： (1) 检查人数、人员精神状态及身体状况。 (2) 检查所带材料是否规格型号正确、质量合格、数量满足需要。 (3) 检查所带工器具是否质量合格、安全可靠、数量满足需要。 (4) 检查交通工具是否良好，行车证照是否齐全。	
9	停电操作与许可工作	(1) 馈路停电： 1) 由变电站值班员根据调度命令或停电申请内容进行馈路停电操作（此操作必须填用"变电站倒闸操作票"，并按操作票所列程序进行操作），并做好接地等安全措施。 2) 线路运行部门或施工班组停复电联系人（现场工作许可人）接到调度或变电站许可（第一次许可）工作的命令后，负责组织现场停电操作并做好安全措施，操作前负责核对线路双重名称及杆号，确认无误后，方可进行停电操作。以下操作按规定须用操作票时，应填用"电力线路倒闸操作票"，并按操作票所列程序进行操作。	《电力安全工作规程》 2.4 3.2 3.3 3.4 4.2

序号	内容	标　　准	参照依据
9	停电操作与许可工作	①断开需要现场操作的线路各端（含分支线）开关、刀闸或丝具。 ②断开危及线路停电作业，且不能采取相应措施的交叉跨越、平行或接近和同杆（塔）架设线路（包括外单位和用户线路）的开关、刀闸或丝具。 ③断开有可能返回低压电源和其他延伸至施工现场的低压线路电源开关。 ④在上述线路各端已断开的开关或刀闸的操作机构上应加锁；三相丝具的熔丝管应取下；并在上述开关、刀闸或丝具的操作机构醒目位置悬挂"线路有人工作，禁止合闸！"的标示牌。 ⑤在线路各端（包括无断开点且有可能返送电的支线上）应逐一验电、挂接地线，在有可能产生感应电的地段加挂接地线。 上述停电、验电、挂接地线等安全措施完成后，现场工作许可人方可向工作负责人下达许可（第二次许可）工作的命令。 （2）线路部分停电或支线停电： 由线路运行部门或施工班组停复电联系人（现场工作许可人）负责组织现场停电操作并做好安全措施，操作前负责核对线路名称及杆号，确认无误后，方可进行停电操作。以下操作按规定须用操作票时，应填用"电力线路倒闸操作票"，并按操作票所列程序进行操作。	《电力安全工作规程》 2.4 3.2 3.3 3.4 4.2

序号	内 容	标　　　准	参照依据
9	停电操作与许可工作	①先断开电源侧开关、刀闸或丝具，再断开需要现场操作的线路各端（含分支线）开关、刀闸或丝具。 ②断开危及线路停电作业，且不能采取相应措施的交叉跨越、平行或接近和同杆（塔）架设线路（包括外单位和用户线路）的开关、刀闸或丝具。 ③断开有可能返回低压电源和其他延伸至施工现场的低压线路电源开关。 ④在上述线路各端已断开的开关或刀闸的操作机构上应加锁；三相丝具的熔丝管应取下；并在上述开关、刀闸或丝具的操作机构醒目位置悬挂"线路有人工作，禁止合闸！"的标示牌。 ⑤在线路各端（包括无断开点且有可能返送电的支线上）应逐一验电、挂接地线，在有可能产生感应电的地段加挂接地线。 上述停电、验电、接地线等安全措施完成后，现场工作许可人方可向工作负责人下达许可工作的命令。 （3）低压线路停电： 由线路运行部门人员或工作班组人员担任现场工作许可人，现场工作许可人负责核对并确认变压器台区名称和停电线路名称，组织停电操作并布置现场安全措施。 ①拉开台区变压器低压总开关或分路开关，摘下熔丝管，在开关线路侧验电、挂接地线，在开关把手醒目位置悬挂"线路有人工作，禁止合闸！"	《电力安全工作规程》 2.4 3.2 3.3 3.4 4.2

序号	内容	标　　准	参照依据
9	停电操作与许可工作	的标示牌。如开关在室（箱）内，则配电室（箱）应加锁。以上安全措施完成后，工作许可人向工作负责人下达许可工作的命令。 ②工作负责人接到工作许可人许可工作的命令后，下令开始工作。 （4）工作许可人在向工作负责人发出许可工作的命令前，应将工作班组名称、数目、工作负责人姓名、工作地点和工作任务等记入记录簿内。 （5）许可开始工作的命令，应由工作许可人亲自下达给工作负责人。电话下达时，工作许可人及工作负责人应记录清楚明确，并复诵核对无误；当面下达时，工作许可人和工作负责人都应在工作票上记录许可时间，并签名（如现场工作许可人不直接参与监护或操作，而由他人监护和操作时，现场工作许可人必须在现场亲自目睹操作全过程，并确认操作结果）。 （6）填用第一种工作票进行工作，工作负责人应在得到全部工作许可人的许可后，方可开始工作。所谓全部工作许可人，是指直接向工作负责人下达许可工作命令的所有工作许可人。 1）馈路停电时，工作许可人包括： ①调度或变电站值班员（工作负责人直接担任停复电联系人）或中间停复电联系人（经中间停复电联系人向工作负责人下达许可工作的命令）。	《电力安全工作规程》 2.4 3.2 3.3 3.4 4.2

序号	内 容	标　　准	参照依据
9	停电操作与 许可工作	②若干个现场工作许可人（实施现场各方停电操作人或操作负责人）。 ③外单位或用户工作许可人（外单位或用户线路配合停电的联系人）。 2）线路部分停电或支线停电时，工作许可人包括： ①若干个现场工作许可人（实施现场各方停电操作人或操作负责人）。 ②外单位或用户工作许可人（外单位或用户线路配合停电的联系人）。	《电力安全 工作规程》 2.4 3.2 3.3 3.4 4.2
10	宣读工作票	工作负责人在得到全部工作许可人许可工作的命令后： （1）认真核对线路双重名称及杆号，并确认无误。 （2）列队宣读工作票： ①交代工作任务，明确工作内容及工艺质量要求。 ②交代安全措施，明确停电范围及保留带电设备及带电部位，告知危险点及现场采取的安全措施，补充其他安全注意事项。 ③明确人员分工及安全责任，根据工作性质和危险程度，如设专人监护时，应明确专责监护人的监护范围和被监护人及其安全责任；如分组作业时，应明确指定小组工作负责人（监护人），并使用工作任务单。 ④现场提问1～2名作业人员，确认所有作业人员都清楚安全措施、明白工作内容后，所有作业人员在工作票上签名。 ⑤工作负责人下令开始工作。	《电力安全 工作规程》 2.3 2.5

序号	内容	标　　准	参照依据
11	更换横担	(1) 登杆前检查（三确认）： ①作业人员核对线路名称及杆号，确认无误后方可登杆。 ②作业人员观测估算电杆埋深及裂纹情况，确认稳固后方可登杆。 ③作业人员检查登高工具是否安全可靠，确认无误后方可登杆。 (2) 登杆作业： ①作业人员登杆后，为防止导线意外脱落，或小转角杆导线向内角张弹，在解开扎线前，先将导线用绳索悬挂在杆顶铁上，解开扎线后，再次将导线绑扎牢固，做到万无一失。 ②拆旧装新恢复导线：拆除旧横担、安装新横担，解开导线绑扎线，将导线重新扎在绝缘子上（小转角扎线时防止导线向内角脱落），检查确认绑扎牢固后，解开保险绳索，人员下杆结束工作。 ③除按上述方法操作之外，还可先将新横担安装在旧横担之上，将导线扎在新横担绝缘子上后，拆除旧横担，再将新横担调整至预定位置，紧固好螺丝即可结束工作。	《电力安全工作规程》6.2
12	检查验收	(1) 施工作业结束后，工作负责人依据施工验收规范对施工工艺、质量进行自查验收，合格后，命令作业人员撤离现场。 (2) 通知运行单位进行验收。	《施工验收规范》

序号	内 容	标　　　准	参照依据
13	工作终结与恢复送电	（1）停电作业结束后，工作负责人应履行下列职责： 1）工作负责人认为工作已结束，并在得到所有小组负责人工作结束的汇报后，应检查线路施工地段的状况，确认在杆塔上、导线上、绝缘子串上及其他辅助设备上没有遗留的个人保安线、工具、材料等，检查清点并确认全部作业人员已由杆塔上撤离，将全部作业人员集中一处，宣布："××线路已视同带电，禁止任何人再登杆作业"，如个别作业人员不能集中时，工作负责人必须设法通知到本人。 2）工作负责人分别向全部工作许可人汇报： ①对调度或变电站值班员（工作许可人）或运检分设，对线路运行部门现场工作许可人的汇报："工作负责人×××向你汇报，××单位××班组在×处（说明起止杆号、分支线路名称等）停电工作已全部结束，本班组作业人员已全部撤离现场，经检查确认线路上无遗留物，××线路可以恢复送电，恢复线路供电"。 ②运检合一，对本班组现场工作许可人的汇报："××班组在××线路上×处（说明起止杆号、分支线路名称等）停电工作已全部结束，作业人员已全部撤离线路，经检查确认线路上无遗留物，可拆除接地线等安全措施"。 ③对外单位或用户配合停电工作许可人的汇报："工作负责人×××向	《电力安全工作规程》2.7

序号	内容	标　　准	参照依据
13	工作终结与恢复送电	你汇报，××单位××班组停电工作已全部结束，你单位配合停电的线路可恢复送电"。 （2）停电工作结束后，各方工作许可人应履行下列职责： ①调度或变电站值班员（工作许可人）在接到所有工作负责人（包括用户）的完工报告后，与记录簿核对工作班组名称和工作负责人姓名，确认无误后，拆除安全措施，恢复送电。（送电操作应填用"变电站倒闸操作票"，并按操作票所列程序进行操作）。 ②运检分设，线路运行部门现场工作许可人在接到所有工作负责人（包括用户）的完工报告后，与记录簿核对工作班组名称和工作负责人姓名，确认无误后，检查确认全部工作结束，全部工作人员已撤离线路，下令拆除接地线等现场安全措施，全部安全措施拆除后，核对清点接地线、标示牌数目，确认无误后，合上线路各端断开的开关、刀闸或丝具，恢复线路供电。（以上操作按规定须用操作票时，应填用"电力线路倒闸操作票"，并按操作票所列程序进行操作）。 ③运检合一，本班组现场工作许可人在接到本班组工作负责人已完工和可拆除安全措施、恢复线路供电的报告后，与记录簿核对工作班组名称和工作负责人姓名，检查确认全部工作已结束、全部工作人员已撤离线	《电力安全工作规程》2.7

序号	内 容	标　　　准	参照依据
13	工作终结与恢复送电	路、线路上无遗留物后，组织拆除接地线等安全措施，全部安全措施拆除完毕后，核对清点接地线、标示牌数目，确认无误后，合上线路各端断开的开关、刀闸或丝具，恢复线路供电（以上操作按规定须用操作票时，应填用"电力线路倒闸操作票"，并按操作票所列程序进行操作）。 （3）低压线路停电工作结束、恢复送电可参照以上程序进行。	《电力安全工作规程》2.7
14	召开班后会	工作结束后，工作负责人组织全体施工人员召开班后会，总结工作经验和存在的问题，制定改进措施。	
15	资料归档	施工单位技术人员将变动后的设备情况以书面形式移交给运行单位存档。	

九、更换 10kV 及以下线路耐张（T 接、终端）杆横担

（一）更换 10kV 及以下线路耐张（T 接、终端）杆横担标准作业流程图

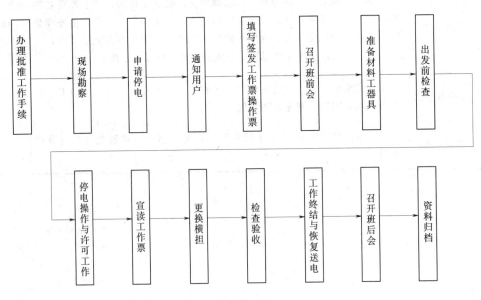

（二）更换 10kV 及以下线路耐张（T 接、终端）杆横担标准作业流程

序号	内 容	标　　　　准	参照依据
1	办理批准工作手续	施工班组根据线路电压等级向主管部门提出工作申请，经批准方可进行工作（主管部门应以书面形式批准工作）。	
2	现场勘察	（1）进行较为复杂的电力线路施工作业或相关人员（生产、安全管理人员或工作票签发人和工作负责人）认为有必要进行现场勘察的施工作业，由现场工作负责人组织相关人员（施工技术、安监人员）进行现场勘察，并做好勘察记录。确定现场作业危险点及控制措施，制定现场施工方案。 （2）现场勘察的内容： ①落实施工作业需要停电的范围（停电设备名称及所属单位）、保留带电设备及带电部位。 ②落实施工作业涉及的交叉跨越（电力线路、弱电线路、铁路、公路、建筑物、种植物等）。 ③落实所需材料、设备的规格、型号和数量。 ④查看施工现场条件和环境（施工运输道路、种植物损毁赔付等）。 （3）根据现场勘察结果，对施工危险性、复杂性和困难程度较大的施工作业项目，应编制组织措施、技术措施和安全措施，经本单位主管安全生产领导批准后执行。	《电力安全工作规程》2.2

序号	内 容	标　　准	参照依据
3	申请停电	施工日期确定后，应提前一天送达书面停电申请。 （1）馈路停电：由线路运行部门办理停电申请手续，经生产主管或调度部门审批签字后，送达调度或变电站值班员。 （2）线路部分停电或支线停电：由线路运行部门或施工班组向线路运行管理部门申请停电并办理停电申请手续，经生产主管部门审批签字后，由批准申请部门和申请部门各保留一份。 （3）如停电作业需其他单位（包括用户）线路配合停电时，应由施工单位事先联系，送达书面停电申请，取得配合停电单位的同意，并要求配合停电单位做好停电、接地等安全措施。	
4	通知用户	停电日期确定后，由生产调度部门或用户管理部门提前7天（计划停电时）将具体停电时间电话或书面通知用户，并将通知人及用户接受通知人的姓名、通知时间等记入记录，以备查询。	"供电服务十项承诺"
5	填写签发工作票操作票	（1）工作票的填写与签发：由工作负责人根据工作性质提前一天（临时停电工作除外）填写"电力线路第一种工作票"（更换低压横担时，应填写"低压第一种工作票"），经工作票签发人审核签字、工作负责人认可并签字后，一份留存工作票签发人或工作许可人处，另一份应提前交给工作负责人。	《电力安全工作规程》 2.3 4.2 《农村低压电气安全工作规程》 5.1.1

序号	内 容	标　　　　准	参照依据
5	填写签发工作票操作票	（2）操作票的填写与审核：由倒闸操作人根据发令人（值班调度员、变电站值班人员或设备运行部门人员）的操作指令，填写或打印倒闸操作票，操作人和监护人应根据模拟图或接线图核对所填写的操作项目和程序是否正确，确认无误后分别签名（事故应急处理和拉合开关或丝具的单一操作可以不使用操作票）。	《电力安全工作规程》2.3 4.2 《农村低压电气安全工作规程》5.1.1
6	召开班前会	施工作业开始前，由现场工作负责人召开全体施工人员会议，进行技术交底和安全交底，分配工作任务。 （1）技术交底：工作负责人向全体施工人员交代施工方案、施工工艺、质量要求、作业注意等事项。 （2）安全交底：工作负责人向全体施工人员交代施工作业危险点及控制措施，该项工作主要的危险点及控制措施是： ①防触电伤害。A. 严防导线下落时触及带电线路。控制措施：带电线路应配合停电。B. 严防误登、误操作。控制措施：登杆前核对线路双重名称及杆号，确认无误后方可登杆，设专人监护以防误登、误操作。C. 严防返送电源和感应电。控制措施：拉开有可能返送电的线路开关或丝具，并挂接地线，在有可能产生感应电的地段加挂接地线或使用个人保安线。 ②防高空坠落。控制措施：A. 作业人员登杆前，检查登杆工具是否安	《电力安全工作规程》2.3 6.2

序号	内容	标　　　准	参照依据
6	召开班前会	全可靠，确认无误后方可登杆；B. 作业人员登杆时做到："脚踩稳、手扒牢，一步一步慢登高，到达位置第一要，安全皮带系牢靠"；C. 安全带应系在牢固可靠的构件上，工作位置转换后，应及时系好安全带。 　　③防高空坠物伤人。控制措施：A. 地勤人员尽量避免停留在杆下；B. 地勤人员戴好安全帽；C. 工具材料用绳索传递，尽量避免高空坠物；D. 操作跌落丝具时，操作人员应选好操作位置，防止丝具管跌落伤人。 　　④防电杆倾倒伤人。控制措施：作业人员登杆前，观测估算电杆埋深及裂纹情况，确认稳固后方可登杆作业，必要时打临时拉线。 　　（3）交代工作任务；进行人员分工，明确专责监护人的监护范围和被监护人及其安全责任等。如分组工作时，每个小组应指定工作负责人（监护人），并使用工作任务单。	《电力安全工作规程》 2.3 6.2
7	准备材料、工器具	根据线路原杆型准备材料及工器具。 　　（1）材料：准备横担、扎线、铝包带（悬式绝缘子、穿心螺丝等备用），要求规格型号正确、质量合格、数量满足需要。 　　（2）工器具：准备下列工器具，要求质量合格、安全可靠、数量满足需要。 　　①停电操作工具：绝缘杆、验电器、高压发生器、接地线、绝缘手套、绝缘靴子、标示牌等。 　　②登高工具：脚扣或踩板、安全帽、安全带等。	

序号	内 容	标　　　准	参照依据
7	准备材料、工器具	③防护用具：个人保安线、防护服、绝缘鞋、手套等。 ④个人五小工具：电工钳、扳手、螺丝刀、小榔头、小绳等。 ⑤牵引工具：手板葫芦、紧线器（钳）、三角钳头、钢丝绳、工具U形环、滑轮、绳索等。 ⑥其它工具：钢锚钎、大榔头等。	
8	出发前检查	出发前由工作负责人检查： (1) 检查人数、人员精神状态及身体状况。 (2) 检查所带材料是否规格型号正确、质量合格、数量满足需要。 (3) 检查所带工器具是否质量合格、安全可靠、数量满足需要。 (4) 检查交通工具是否良好，行车证照是否齐全。	
9	停电操作与许可工作	(1) 馈路停电： 1) 由变电站值班员根据调度命令或停电申请内容进行馈路停电操作（此操作必须填用"变电站倒闸操作票"，并按操作票所列程序进行操作），并做好接地等安全措施。 2) 线路运行部门或施工班组停复电联系人（现场工作许可人）接到调度或变电站许可（第一次许可）工作的命令后，负责组织现场停电操作并做好安全措施，操作前负责核对线路双重名称及杆号，确认无误后，	《电力安全工作规程》 2.4 3.2 3.3 3.4 4.2

序号	内 容	标　　　准	参照依据
9	停电操作与许可工作	方可进行停电操作。以下操作按规定须用操作票时，应填用"电力线路倒闸操作票"，并按操作票所列程序进行操作。 ①断开需要现场操作的线路各端（含分支线）开关、刀闸或丝具。 ②断开危及线路停电作业，且不能采取相应措施的交叉跨越、平行或接近和同杆（塔）架设线路（包括外单位和用户线路）的开关、刀闸或丝具。 ③断开有可能返回低压电源和其他延伸至施工现场的低压线路电源开关。 ④在上述线路各端已断开的开关或刀闸的操作机构上应加锁；三相丝具的熔丝管应取下；并在上述开关、刀闸或丝具的操作机构醒目位置悬挂"线路有人工作，禁止合闸！"的标示牌。 ⑤在线路各端（包括无断开点且有可能返送电的支线上）应逐一验电、挂接地线，在有可能产生感应电的地段加挂接地线。 　　上述停电、验电、挂接地线等安全措施完成后，现场工作许可人方可向工作负责人下达许可（第二次许可）工作的命令。 　　（2）线路部分停电或支线停电： 　　由线路运行部门或施工班组停复电联系人（现场工作许可人）负责组织现场停电操作并做好安全措施，操作前负责核对线路名称及杆号，确认无误后，方可进行停电操作。以下操作按规定须用操作票时，应填用"电力线路倒闸操作票"，并按操作票所列程序进行操作。	《电力安全工作规程》 2.4 3.2 3.3 3.4 4.2

序号	内 容	标　　　准	参照依据
9	停电操作与许可工作	①先断开电源侧开关、刀闸或丝具，再断开需要现场操作的线路各端（含分支线）开关、刀闸或丝具。 ②断开危及线路停电作业，且不能采取相应措施的交叉跨越、平行或接近和同杆（塔）架设线路（包括外单位和用户线路）的开关、刀闸或丝具。 ③断开有可能返回低压电源和其他延伸至施工现场的低压线路电源开关。 ④在上述线路各端已断开的开关或刀闸的操作机构上应加锁；三相丝具的熔丝管应取下；并在上述开关、刀闸或丝具的操作机构醒目位置悬挂"线路有人工作，禁止合闸！"的标示牌。 ⑤在线路各端（包括无断开点且有可能返送电的支线上）应逐一验电、挂接地线，在有可能产生感应电的地段加挂接地线。 上述停电、验电、挂接地线等安全措施完成后，现场工作许可人方可向工作负责人下达许可工作的命令。 （3）低压线路停电： 由线路运行部门人员或工作班组人员担任现场工作许可人，现场工作许可人负责核对并确认变压器台区名称和停电线路名称，组织停电操作并布置现场安全措施。 ①拉开台区变压器低压总开关或分路开关，摘下熔丝管，在开关线路侧验电、挂接地线，在开关把手醒目位置悬挂"线路有人工作，禁止合	《电力安全工作规程》 2.4 3.2 3.3 3.4 4.2

序号	内 容	标　　　准	参照依据
9	停电操作与 许可工作	闸!" 的标示牌。如开关在室（箱）内，则配电室（箱）应加锁。以上安全措施完成后，工作许可人向工作负责人下达许可工作的命令。 　②工作负责人接到工作许可人许可工作的命令后，下令开始工作。 　（4）工作许可人在向工作负责人发出许可工作的命令前，应将工作班组名称、数目、工作负责人姓名、工作地点和工作任务等记入记录簿内。 　（5）许可开始工作的命令，应由工作许可人亲自下达给工作负责人。电话下达时，工作许可人及工作负责人应记录清楚明确，并复诵核对无误；当面下达时，工作许可人和工作负责人都应在工作票上记录许可时间，并签名（如现场工作许可人不直接参与监护或操作，而由他人监护和操作时，现场工作许可人必须在现场亲自目睹操作全过程，并确认操作结果）。 　（6）填用第一种工作票进行工作，工作负责人应在得到全部工作许可人的许可后，方可开始工作。所谓全部工作许可人，是指直接向工作负责人下达许可工作命令的所有工作许可人。 　1）馈路停电时，工作许可人包括： 　①调度或变电站值班员（工作负责人直接担任停复电联系人）或中间停复电联系人（经中间停复电联系人向工作负责人下达许可工作的命令）。 　②若干个现场工作许可人（实施现场各方停电操作人或操作负责人）。	《电力安全工作规程》 2.4 3.2 3.3 3.4 4.2

序号	内 容	标　　　准	参照依据
9	停电操作与许可工作	③外单位或用户工作许可人（外单位或用户线路配合停电的联系人）。 2）线路部分停电或支线停电时，工作许可人包括： ①若干个现场工作许可人（实施现场各方停电操作人或操作负责人）。 ②外单位或用户工作许可人（外单位或用户线路配合停电的联系人）。	《电力安全工作规程》 2.4 3.2 3.3 3.4 4.2
10	宣读工作票	工作负责人在得到全部工作许可人许可工作的命令后： （1）认真核对线路双重名称及杆号，并确认无误。 （2）列队宣读工作票： ①交代工作任务：明确施工作业内容及工艺质量要求。 ②交代安全措施：明确停电范围及保留带电设备及带电部位，告知危险点及现场安全措施，补充其他安全注意事项。 ③明确人员分工及安全责任：根据工作性质和危险程度，如设专人监护时，应明确专责监护人和被监护人及安全责任；如分组作业时，应明确指定小组工作负责人（监护人），并使用工作任务单。 ④现场提问1～2名作业人员，确认所有作业人员都清楚安全措施、明白工作内容后，所有作业人员在工作票上签名。 ⑤工作负责人下令开始工作。	《电力安全工作规程》 2.3 2.5

序号	内 容	标　准	参照依据
11	更换横担	(1) 登杆前检查（三确认）： ①作业人员核对线路名称及杆号，确认无误后方可登杆。 ②作业人员观测估算电杆埋深及裂纹情况，确认稳固后方可登杆。 ③作业人员检查登高工具是否安全可靠，确认无误后方可登杆。 (2) 更换横担： 1) 固定导线：耐张杆松线时，必须采取某种方法将导线加以固定，以免拉歪（倒）直线杆电杆、横担或绝缘子，其固定方法如下： ①杆上固定：作业人员登上第一基（与耐张杆相邻）直线杆，用钢丝绳或绳索打好临时拉线，解开三相扎线，用三角钳头或多股扎线将导线紧靠横担固定在电杆上（注意不得损伤导线）。 ②杆根固定。A. 耐张杆未松线前固定：作业人员登上第一基（与耐张杆相邻）直线杆，解开扎线，将导线下落至地面（如导线未能落至地面时，继续落下下一基直线杆上导线，直至导线落地为止），地勤人员用三角钳头和绳索将导线固定在杆根；B. 耐张杆松线过程中固定：作业人员登上第一基（与耐张杆相邻）直线杆，解开扎线，将导线落下，待耐张杆上松线至地面人员可抓着时，将导线拉紧用三角钳头和绳索固定在杆根。 ③锚钎固定：地勤人员在耐张杆倒杆距离以外埋设锚钎，作业人员登上第一基（与耐张杆相邻）直线杆，解开扎线，将导线落下，待耐张杆	《电力安全工作规程》 6.2

序号	内 容	标 准	参照依据
11	更换横担	上松线至地面人员可抓着时，将导线拉紧用三角钳头和绳索固定在锚钎上。 2）耐张杆松线：作业人员登上耐张杆，拆开引流线，挂好紧线器和滑轮，将三角钳头卡在导线上，将牵引绳通过滑轮与三角钳头连接，另一端掌握在地勤人员手中，杆上人员用紧线器收紧导线，使绝缘子串处于松弛状态，取出耐张线夹连接螺栓，地勤人员拉紧牵引绳使紧线器处于松弛状态，杆上人员松开紧线器，地勤人员松动牵引绳将导线下落至地面。其余各相如法操作。 如采用杆上固定或耐张杆未松线前固定时，耐张杆松线后不必再作固定；如采用耐张杆松线过程中固定时，则应待耐张杆导线下落时，将导线拉紧用三角钳头和绳索固定在杆根或锚钎上。 3）拆旧装新：按上述方法将导线固定后，杆上人员拆除绝缘子串和横担并吊落至地面，地勤人员绑好新横担并吊至杆上横担位置，杆上人员安装新横担和绝缘子串。 4）杆上人员重新挂好紧线器、滑轮，将牵引绳通过滑轮放至地面，地勤人员将三角钳头卡在导线上，并与牵引绳连接，牵引绳另一头掌握在地勤人员手中，待导线从锚钎上或杆根松开后（注意：锚钎上或杆根松线不可一次松开，待牵引绳拉紧后逐渐松开，以免导线松弛拉歪相邻直线杆或拉歪横担和绝缘子），拉动牵引绳将导线升至横担。杆上人员用紧	《电力安全工作规程》6.2

序号	内容	标　　准	参照依据
11	更换横担	线器配合牵引绳将导线收紧，再将耐张线夹与绝缘子串连接，松开紧线器和牵引绳，其余各相如法操作。挂线应逐相相对进行，以免横担转动。全部导线恢复后，做好引流线，拆除工器具，检查无误后即可下杆。 　　除按上述方法操作外，还可先将新横担安装在旧横担之上，将绝缘子串和导线挂在新横担上，拆除旧横担，再将新横担调整下落至原位置，必须使横担紧靠拉线包箍。	《电力安全工作规程》6.2
12	检查验收	（1）施工作业结束后，工作负责人依据施工验收规范对施工工艺、质量进行自查验收，合格后，命令作业人员撤离现场。 　　（2）通知运行单位进行验收。	《施工验收规范》
13	工作终结与恢复送电	（1）停电作业结束后，工作负责人应履行下列职责： 　　1）工作负责人认为工作已结束，并在得到所有小组负责人工作结束的汇报后，应检查线路施工地段的状况，确认在杆塔上、导线上、绝缘子串上及其他辅助设备上没有遗留的个人保安线、工具、材料等，检查清点并确认全部作业人员已由杆塔上撤离，将全部作业人员集中一处，宣布："××线路已视同带电，禁止任何人再登杆作业"，如个别作业人员不能集中时，工作负责人必须设法通知到本人。 　　2）工作负责人分别向全部工作许可人汇报： 　　①对调度或变电站值班员（工作许可人）或运检分设，对线路运行部	《电力安全工作规程》2.7

序号	内 容	标　　准	参照依据
13	工作终结与恢复送电	门现场工作许可人的汇报："工作负责人×××向你汇报，××单位××班组在×处（说明起止杆号、分支线路名称等）停电工作已全部结束，本班组作业人员已全部撤离现场，经检查确认线路上无遗留物，××线路可以恢复送电"。 ②运检合一，对本班组现场工作许可人的汇报："××班组在××线路上×处（说明起止杆号、分支线路名称等）停电工作已全部结束，作业人员已全部撤离线路，经检查确认线路上无遗留物，可拆除接地线等安全措施，恢复线路供电"。 ③对外单位或用户配合停电工作许可人的汇报："工作负责人×××向你汇报，××单位××班组停电工作已全部结束，你单位配合停电的线路可恢复送电"。 （2）停电工作结束后，各方工作许可人应履行下列职责： ①调度或变电站值班员（工作许可人）在接到所有工作负责人（包括用户）的完工报告后，与记录簿核对工作班组名称和工作负责人姓名，确认无误后，拆除安全措施，恢复送电。（送电操作应填用"变电站倒闸操作票"，并按操作票所列程序进行操作）。 ②运检分设，线路运行部门现场工作许可人在接到所有工作负责人（包括用户）的完工报告后，与记录簿核对工作班组名称和工作负责人姓	《电力安全工作规程》2.7

序号	内容	标 准	参照依据
13	工作终结与恢复送电	名，确认无误后，检查确认全部工作结束，全部工作人员已撤离线路，下令拆除接地线等现场安全措施，全部安全措施拆除后，核对清点接地线、标示牌数目，确认无误后，合上线路各端断开的开关、刀闸或丝具，恢复线路供电。（以上操作按规定须用操作票时，应填用"电力线路倒闸操作票"，并按操作票所列程序进行操作）。 ③运检合一，本班组现场工作许可人在接到本班组工作负责人已完工和可拆除安全措施、恢复线路供电的报告后，与记录簿核对工作班组名称和工作负责人姓名，检查确认全部工作已结束、全部工作人员已撤离线路、线路上无遗留物后，组织拆除接地线等安全措施，全部安全措施拆除完毕后，核对清点接地线、标示牌数目，确认无误后，合上线路各端断开的开关、刀闸或丝具，恢复线路供电。（以上操作按规定须用操作票时，应填用"电力线路倒闸操作票"，并按操作票所列程序进行操作）。 （3）低压线路停电工作结束、恢复送电可参照以上程序进行。	《电力安全工作规程》2.7
14	召开班后会	工作结束后，工作负责人组织全体施工人员召开班后会，总结工作经验和存在的问题，制定改进措施。	
15	资料归档	施工单位技术人员将变动后的设备情况以书面形式移交给运行单位存档。	

十、更换 10kV 及以下线路直线（小转角）杆绝缘子

（一）更换 10kV 及以下线路直线（小转角）杆绝缘子标准作业流程图

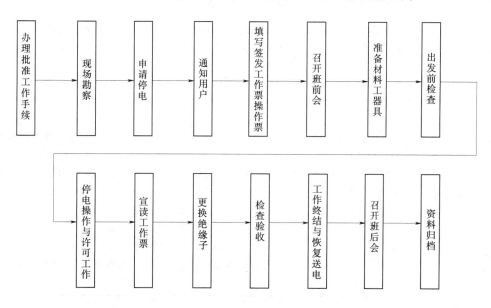

办理批准工作手续 → 现场勘察 → 申请停电 → 通知用户 → 填写签发工作票操作票 → 召开班前会 → 准备材料工器具 → 出发前检查 → 停电操作与许可工作 → 宣读工作票 → 更换绝缘子 → 检查验收 → 工作终结与恢复送电 → 召开班后会 → 资料归档

（二）更换 10kV 及以下线路直线（小转角）杆绝缘子标准作业流程

序号	内容	标　　准	参照依据
1	办理批准工作手续	施工班组根据线路电压等级向主管部门提出工作申请，经批准方可进行工作（主管部门应以书面形式批准工作）。	
2	现场勘察	（1）进行较为复杂的电力线路施工作业或相关人员（生产、安全管理人员或工作票签发人和工作负责人）认为有必要进行现场勘察的施工作业，由现场工作负责人组织相关人员（施工技术、安监人员）进行现场勘察，并做好勘察记录。确定现场作业危险点及控制措施，制定现场施工方案。 （2）现场勘察的内容： ①落实施工作业需要停电的范围（停电设备名称及所属单位）、保留带电设备及带电部位。 ②落实施工作业涉及的交叉跨越（电力线路、弱电线路、铁路、公路、建筑物、种植物等）。 ③落实所需材料、设备的规格、型号和数量。 ④查看施工现场条件和环境（施工运输道路、种植物损毁赔付等）。 （3）根据现场勘察结果，对施工危险性、复杂性和困难程度较大的施工作业项目，应编制组织措施、技术措施和安全措施，经本单位主管安全生产领导批准后执行。	《电力安全工作规程》2.2

序号	内 容	标 准	参照依据
3	申请停电	施工日期确定后，应提前一天送达书面停电申请。 （1）馈路停电：由线路运行部门办理停电申请手续，经生产主管或调度部门审批签字后，送达调度或变电站值班员。 （2）线路部分停电或支线停电：由线路运行部门或施工班组向线路运行管理部门申请停电并办理停电申请手续，经生产主管部门审批签字后，由批准申请部门和申请部门各保留一份。 （3）如停电作业需其他单位（包括用户）线路配合停电时，应由施工单位事先联系，送达书面停电申请，取得配合停电单位的同意，并要求配合停电单位做好停电、接地等安全措施。	
4	通知用户	停电日期确定后，由生产调度部门或用户管理部门提前 7 天（计划停电时）将具体停电时间电话或书面通知用户，并将通知人及用户接受通知人的姓名、通知时间等记入记录，以备查询。	"供电服务"十项承诺
5	填写签发工作票操作票	（1）工作票的填写与签发：由工作负责人根据工作性质提前一天（临时停电工作除外）填写"电力线路第一种工作票"（更换低压绝缘子时，应填写"低压第一种工作票"），经工作票签发人审核签字、工作负责人认可并签字后，一份留存工作票签发人或工作许可人处，另一份应提前交给工作负责人。	《电力安全工作规程》2.3 4.2 《农村低压电气安全工作规程》5.1.1

序号	内容	标　　　准	参照依据
5	填写签发工作票操作票	（2）操作票的填写与审核：由倒闸操作人根据发令人（值班调度员、变电站值班人员或设备运行部门人员）的操作指令，填写或打印倒闸操作票，操作人和监护人应根据模拟图或接线图核对所填写的操作项目和程序是否正确，确认无误后分别签名（事故应急处理和拉合开关或丝具的单一操作可以不使用操作票）。	《电力安全工作规程》2.3 4.2《农村低压电气安全工作规程》5.1.1
6	召开班前会	施工作业开始前，由现场工作负责人召开全体施工人员会议，进行技术交底和安全交底，分配工作任务。 （1）技术交底：工作负责人向全体施工人员交代施工方案、施工工艺、质量要求、作业注意等事项。 （2）安全交底：工作负责人向全体施工人员交代施工作业危险点及控制措施，该项工作主要的危险点及控制措施是： ①防触电伤害。A. 严防导线下落（意外脱落）触及带电线路。控制措施：a. 带电线路应配合停电；b. 杆上采取保险措施，严防导线脱落。B. 严防误登、误操作。控制措施：登杆前核对线路双重名称及杆号，确认无误后方可登杆，设专人监护以防误登、误操作。C. 严防返送电源和感应电。控制措施：拉开有可能返送电的线路开关或丝具，并挂接地线，在有可能产生感应电的地段加挂接地线或使用个人保安线。	《电力安全工作规程》2.3 6.2

序号	内 容	标　　准	参照依据
6	召开班前会	②防高空坠落。控制措施：A. 作业人员登杆前，检查登杆工具是否安全可靠，确认无误后方可登杆；B. 作业人员登杆时做到："脚踩稳、手扒牢，一步一步慢登高，到达位置第一要，安全皮带系牢靠"；C. 安全带应系在牢固可靠的构件上，工作位置转换后，应及时系好安全带。 ③防高空坠物伤人。控制措施：A. 地勤人员尽量避免停留在杆下；B. 地勤人员戴好安全帽；C. 工具材料用绳索传递，尽量避免高空坠物；D. 操作跌落丝具时，操作人员应选好操作位置，防止丝具管跌落伤人。 ④防电杆倾倒伤人。控制措施：作业人员登杆前，观测估算电杆埋深及裂纹情况，确认稳固后方可登杆作业，必要时打临时拉线。 （3）交代工作任务；进行人员分工，明确专责监护人的监护范围和被监护人及其安全责任等。如分组工作时，每个小组应指定工作负责人（监护人），并使用工作任务单。	《电力安全工作规程》2.3 6.2
7	准备材料工器具	（1）材料：准备针式绝缘子、扎线等，要求规格型号正确、质量合格、数量满足需要。 （2）工器具：准备下列工器具，要求质量合格、安全可靠、数量满足需要。 ①停电操作工具：绝缘杆、验电器、高压发生器、接地线、绝缘手套、绝缘靴子、标示牌等。	

序号	内容	标　　准	参照依据
7	准备材料工器具	②登高工具：脚扣或踩板、安全帽、安全带等。 ③防护用具：个人保安线、防护服、绝缘鞋、手套等。 ④个人五小工具：电工钳、扳手、螺丝刀、小榔头、小绳等。	
8	出发前检查	出发前由工作负责人检查： (1) 检查人数、人员精神状态及身体状况。 (2) 检查所带材料是否规格型号正确、质量合格、数量满足需要。 (3) 检查所带工器具是否质量合格、安全可靠、数量满足需要。 (4) 检查交通工具是否良好，行车证照是否齐全。	
9	停电操作与许可工作	(1) 馈路停电： 1) 由变电站值班员根据调度命令或停电申请内容进行馈路停电操作，(此操作必须填用"变电站倒闸操作票"，并按操作票所列程序进行操作)并做好接地等安全措施。 2) 线路运行部门或施工班组停复电联系人（现场工作许可人）接到调度或变电站许可（第一次许可）工作的命令后，负责组织现场停电操作并做好安全措施，操作前负责核对线路双重名称及杆号，确认无误后，方可进行停电操作。以下操作按规定须用操作票时，应填用"电力线路倒闸操作票"，并按操作票所列程序进行操作。	《电力安全工作规程》 2.4 3.2 3.3 3.4 4.2

序号	内 容	标　　　准	参照依据
9	停电操作与许可工作	①断开需要现场操作的线路各端（含分支线）开关、刀闸或丝具。 ②断开危及线路停电作业，且不能采取相应措施的交叉跨越、平行或接近和同杆（塔）架设线路（包括外单位和用户线路）的开关、刀闸或丝具。 ③断开有可能返回低压电源和其他延伸至施工现场的低压线路电源开关。 ④在上述线路各端已断开的开关或刀闸的操作机构上应加锁；三相丝具的熔丝管应取下；并在上述开关、刀闸或丝具的操作机构醒目位置悬挂"线路有人工作，禁止合闸!"的标示牌。 ⑤在线路各端（包括无断开点且有可能返送电的支线上）应逐一验电、挂接地线，在有可能产生感应电的地段加挂接地线。 上述停电、验电、挂接地线等安全措施完成后，现场工作许可人方可向工作负责人下达许可（第二次许可）工作的命令。 （2）线路部分停电或支线停电： 由线路运行部门或施工班组停复电联系人（现场工作许可人）负责组织现场停电操作并做好安全措施，操作前负责核对线路名称及杆号，确认无误后，方可进行停电操作。以下操作按规定须用操作票时，应填用"电力线路倒闸操作票"，并按操作票所列程序进行操作。	《电力安全工作规程》 2.4 3.2 3.3 3.4 4.2

序号	内　容	标　　　准	参照依据
9	停电操作与许可工作	①先断开电源侧开关、刀闸或丝具，再断开需要现场操作的线路各端（含分支线）开关、刀闸或丝具。 ②断开危及线路停电作业，且不能采取相应措施的交叉跨越、平行或接近和同杆（塔）架设线路(包括外单位和用户线路)的开关、刀闸或丝具。 ③断开有可能返回低压电源和其他延伸至施工现场的低压线路电源开关。 ④在上述线路各端已断开的开关或刀闸的操作机构上应加锁；三相丝具的熔丝管应取下；并在上述开关、刀闸或丝具的操作机构醒目位置悬挂"线路有人工作，禁止合闸！"的标示牌。 ⑤在线路各端（包括无断开点且有可能返送电的支线上）应逐一验电、挂接地线，在有可能产生感应电的地段加挂接地线。 上述停电、验电、挂接地线等安全措施完成后，现场工作许可人方可向工作负责人下达许可工作的命令。 （3）低压线路停电： 由线路运行部门人员或工作班组人员担任现场工作许可人，现场工作许可人负责核对并确认变压器台区名称和停电线路名称，组织停电操作并布置现场安全措施。	《电力安全工作规程》 2.4 3.2 3.3 3.4 4.2

序号	内 容	标　　　准	参照依据
9	停电操作与许可工作	①拉开台区变压器低压总开关或分路开关，摘下熔丝管，在开关线路侧验电、挂接地线，在开关把手醒目位置悬挂"线路有人工作，禁止合闸！"的标示牌。如开关在室（箱）内，则配电室（箱）应加锁。以上安全措施完成后，工作许可人向工作负责人下达许可工作的命令。 ②工作负责人接到工作许可人许可工作的命令后，下令开始工作。 （4）工作许可人在向工作负责人发出许可工作的命令前，应将工作班组名称、数目、工作负责人姓名、工作地点和工作任务等记入记录簿内。 （5）许可开始工作的命令，应由工作许可人亲自下达给工作负责人。电话下达时，工作许可人及工作负责人应记录清楚明确，并复诵核对无误；当面下达时，工作许可人和工作负责人都应在工作票上记录许可时间，并签名（如现场工作许可人不直接参与监护或操作，而由他人监护和操作时，现场工作许可人必须在现场亲自目睹操作全过程，并确认操作结果）。 （6）填用第一种工作票进行工作，工作负责人应在得到全部工作许可人的许可后，方可开始工作。所谓全部工作许可人，是指直接向工作负责人下达许可工作命令的所有工作许可人。	《电力安全工作规程》 2.4 3.2 3.3 3.4 4.2

序号	内容	标　　　准	参照依据
9	停电操作与许可工作	1）馈路停电时，工作许可人包括： ①调度或变电站值班员（工作负责人直接担任停复电联系人）或中间停复电联系人（经中间停复电联系人向工作负责人下达许可工作的命令）。 ②若干个现场工作许可人（实施现场各方停电操作人或操作负责人）。 ③外单位或用户工作许可人（外单位或用户线路配合停电的联系人）。 2）线路部分停电或支线停电时，工作许可人包括： ①若干个现场工作许可人（实施现场各方停电操作人或操作负责人）。 ②外单位或用户工作许可人（外单位或用户线路配合停电的联系人）。	《电力安全工作规程》 2.4 3.2 3.3 3.4 4.2
10	宣读工作票	工作负责人在得到全部工作许可人许可工作的命令后： （1）认真核对线路双重名称及杆号，并确认无误。 （2）列队宣读工作票： ①交代工作任务，明确工作内容及工艺质量要求。 ②交代安全措施，明确停电范围及保留带电设备及带电部位，告知危险点及现场采取的安全措施，补充其他安全注意事项。 ③明确人员分工及安全责任，根据工作性质和危险程度，如设专人监护时，应明确专责监护人的监护范围和被监护人及其安全责任；如分组作	《电力安全工作规程》 2.3 2.5

序号	内 容	标　　　　准	参照依据
10	宣读工作票	业时，应明确指定小组工作负责人（监护人），并使用工作任务单。 　④现场提问1～2名作业人员，确认所有作业人员都清楚安全措施、明白工作内容后，所有作业人员在工作票上签名。 　⑤工作负责人下令开始工作。	《电力安全工作规程》 2.3 2.5
11	更换绝缘子	(1) 登杆前检查（三确认）： 　①作业人员核对线路名称及杆号，确认无误后方可登杆。 　②作业人员观测估算电杆埋深及裂纹情况，确认稳固后方可登杆。 　③作业人员检查登高工具是否安全可靠，确认无误后方可登杆。 (2) 登杆作业： 　①作业人员登杆后，为防止导线意外脱落，或小转角杆导线向内角张弹，在解开扎线前，先将导线用绳索固定在电杆上或横担根部，解开扎线后，再次将导线绑扎牢固，做到万无一失。 　②拆旧装新恢复导线：拆除旧绝缘子、换上新绝缘子，解开导线绑扎线，将导线重新扎在绝缘子上（注意：小转角扎线时防止导线向内角张弹脱落），检查确认绑扎牢固后，解开保险绳索，人员下杆结束工作。	《电力安全工作规程》 6.2

序号	内容	标　　准	参照依据
12	检查验收	（1）施工作业结束后，工作负责人依据施工验收规范对施工工艺、质量进行自查验收，合格后，命令作业人员撤离现场。 （2）通知运行单位进行验收。	《施工验收规范》
13	工作终结与恢复送电	（1）停电作业结束后，工作负责人应履行下列职责： 1）工作负责人认为工作已结束，并在得到所有小组负责人工作结束的汇报后，应检查线路施工地段的状况，确认在杆塔上、导线上、绝缘子串上及其他辅助设备上没有遗留的个人保安线、工具、材料等，检查清点并确认全部作业人员已由杆塔上撤离，将全部作业人员集中一处，宣布："××线路已视同带电，禁止任何人再登杆作业"，如个别作业人员不能集中时，工作负责人必须设法通知到本人。 2）工作负责人分别向全部工作许可人汇报： ①对调度或变电站值班员（工作许可人）或运检分设，对线路运行部门现场工作许可人的汇报："工作负责人×××向你汇报，××单位××班组在×处（说明起止杆号、分支线路名称等）停电工作已全部结束，本班组作业人员已全部撤离现场，经检查确认线路上无遗留物，××线路可以恢复送电"。 ②运检合一，对本班组现场工作许可人的汇报："××班组在××线路	《电力安全工作规程》2.7

序号	内 容	标 准	参照依据
13	工作终结与恢复送电	上×处（说明起止杆号、分支线路名称等）停电工作已全部结束，作业人员已全部撤离线路，经检查确认线路上无遗留物，可拆除接地线等安全措施，恢复线路供电"。 ③对外单位或用户配合停电工作许可人的汇报："工作负责人×××向你汇报，××单位××班组停电工作已全部结束，你单位配合停电的线路可恢复送电"。 （2）停电工作结束后，各方工作许可人应履行下列职责： ①调度或变电站值班员（工作许可人）在接到所有工作负责人（包括用户）的完工报告后，与记录簿核对工作班组名称和工作负责人姓名，确认无误后，拆除安全措施，恢复送电（送电操作应填用"变电站倒闸操作票"，并按操作票所列程序进行操作）。 ②运检分设，线路运行部门现场工作许可人在接到所有工作负责人（包括用户）的完工报告后，与记录簿核对工作班组名称和工作负责人姓名，确认无误后，检查确认全部工作结束，全部工作人员已撤离线路，下令拆除接地线等现场安全措施，全部安全措施拆除后，核对清点接地线、标示牌数目，确认无误后，合上线路各端断开的开关、刀闸或丝具，恢复线路供电（以上操作按规定须用操作票时，应填用"电力线路倒闸	《电力安全工作规程》 2.7

序号	内容	标　　　　准	参照依据
13	工作终结与恢复送电	操作票",并按操作票所列程序进行操作)。 　　③运检合一,本班组现场工作许可人在接到本班组工作负责人已完工和可拆除安全措施、恢复线路供电的报告后,与记录簿核对工作班组名称和工作负责人姓名,检查确认全部工作已结束、全部工作人员已撤离线路、线路上无遗留物后,组织拆除接地线等安全措施,全部安全措施拆除完毕后,核对清点接地线、标示牌数目,确认无误后,合上线路各端断开的开关、刀闸或丝具,恢复线路供电(以上操作按规定须用操作票时,应填用"电力线路倒闸操作票",并按操作票所列程序进行操作)。 　　(3)低压线路停电工作结束、恢复送电可参照以上程序进行。	《电力安全工作规程》2.7
14	召开班后会	工作结束后,工作负责人组织全体施工人员召开班后会,总结工作经验和存在的问题,制定改进措施。	
15	资料归档	施工单位技术人员将变动后的设备情况以书面形式移交给运行单位存档。	

十一、更换 10kV 线路直线杆悬式绝缘子

（一）更换 10kV 线路直线杆悬式绝缘子标准作业流程图

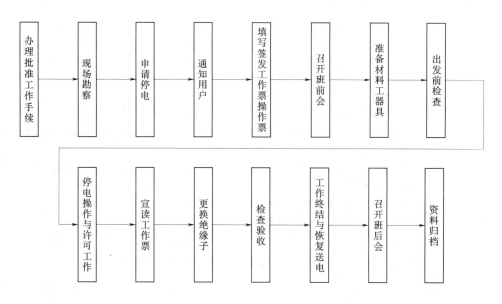

办理批准工作手续 → 现场勘察 → 申请停电 → 通知用户 → 填写签发工作票操作票 → 召开班前会 → 准备材料工器具 → 出发前检查 →

停电操作与许可工作 → 宣读工作票 → 更换绝缘子 → 检查验收 → 工作终结与恢复送电 → 召开班后会 → 资料归档

（二）更换 10kV 线路直线杆悬式绝缘子标准作业流程

序号	内容	标　　准	参照依据
1	办理批准工作手续	施工班组根据线路电压等级向主管部门提出工作申请，经批准方可进行工作（主管部门应以书面形式批准工作）。	
2	现场勘察	（1）进行较为复杂的电力线路施工作业或相关人员（生产、安全管理人员或工作票签发人和工作负责人）认为有必要进行现场勘察的施工作业，由现场工作负责人组织相关人员（施工技术、安监人员）进行现场勘察，并做好勘察记录。确定现场作业危险点及控制措施，制定现场施工方案。 （2）现场勘察的内容： ①落实施工作业需要停电的范围（停电设备名称及所属单位）、保留带电设备及带电部位。 ②落实施工作业涉及的交叉跨越（电力线路、弱电线路、铁路、公路、建筑物、种植物等）。 ③落实所需材料、设备的规格、型号和数量。 ④查看施工现场条件和环境（施工运输道路、种植物损毁赔付等）。 （3）根据现场勘察结果，对施工危险性、复杂性和困难程度较大的施工作业项目，应编制组织措施、技术措施和安全措施，经本单位主管安全生产领导批准后执行。	《电力安全工作规程》2.2

序号	内 容	标　　准	参照依据
3	申请停电	施工日期确定后，应提前一天送达书面停电申请。 （1）馈路停电：由线路运行管理部门办理停电申请手续，经生产主管或调度部门审批签字后，送达调度或变电站值班员。 （2）线路部分停电或支线停电：由线路运行部门或施工班组向线路运行管理部门申请停电并办理停电申请手续，经生产主管部门审批签字后，由批准申请部门和申请部门各保留一份。 （3）如停电作业需其他单位（包括用户）线路配合停电时，应由施工单位事先联系，送达书面停电申请，取得配合停电单位的同意，并要求配合停电单位做好停电、接地等安全措施。	
4	通知用户	停电日期确定后，由生产调度部门或用户管理部门提前7天（计划停电时）将具体停电时间电话或书面通知用户，并将通知人及用户接受通知人的姓名、通知时间等记入记录，以备查询。	"供电服务" 十项承诺
5	填写签发 工作票 操作票	（1）工作票的填写与签发：由工作负责人根据工作性质提前一天（临时停电工作除外）填写"电力线路第一种工作票"，经工作票签发人审核签字、工作负责人认可并签字后，一份留存工作票签发人或工作许可人处，另一份应提前交给工作负责人。 （2）操作票的填写与审核：由倒闸操作人根据发令人（值班调度员、变电站值班人员或设备运行部门人员）的操作指令，填写或打印倒闸操	《电力安全 工作规程》 2.3 4.2 《农村低压 电气安全 工作规程》 5.1.1

序号	内 容	标　　　　准	参照依据
5	填写签发工作票操作票	作票，操作人和监护人应根据模拟图或接线图核对所填写的操作项目和程序是否正确，确认无误后分别签名（事故应急处理和拉合开关或丝具的单一操作可以不使用操作票）。	《电力安全工作规程》2.3　4.2《农村低压电气安全工作规程》5.1.1
6	召开班前会	施工作业开始前，由现场工作负责人召开全体施工人员会议，进行技术交底和安全交底，分配工作任务。 　　（1）技术交底：工作负责人向全体施工人员交代施工方案、施工工艺、质量要求、作业注意等事项。 　　（2）安全交底：工作负责人向全体施工人员交代施工作业危险点及控制措施，该项工作主要的危险点及控制措施是： 　　①防触电伤害。A. 严防导线下落（意外脱落）触及带电线路。控制措施：a. 带电线路应配合停电；b. 杆上采取保险措施，严防导线脱落。B. 严防误登、误操作。控制措施：登杆前核对线路双重名称及杆号，确认无误后方可登杆，设专人监护以防误登、误操作。C. 严防返送电源和感应电。控制措施：拉开有可能返送电的线路开关或丝具，并挂接地线，在有可能产生感应电的地段加挂接地线或使用个人保安线。 　　②防高空坠落。控制措施：A. 作业人员登杆前，检查登杆工具是否安	《电力安全工作规程》2.3　6.2

序号	内 容	标　　　准	参照依据
6	召开班前会	全可靠，确认无误后方可登杆；B. 作业人员登杆时做到："脚踩稳、手扒牢，一步一步慢登高，到达位置第一要，安全皮带系牢靠"；C. 安全带应系在牢固可靠的构件上，工作位置转换后，应及时系好安全带。 ③防高空坠物伤人。控制措施：A. 地勤人员尽量避免停留在杆下；B. 地勤人员戴好安全帽；C. 工具材料用绳索传递，尽量避免高空坠物；D. 操作跌落丝具时，操作人员应选好操作位置，防止丝具管跌落伤人。 (3) 交代工作任务，进行人员分工，明确专责监护人的监护范围和被监护人及其安全责任等。	《电力安全工作规程》2.3 6.2
7	准备材料工器具	(1) 材料：准备悬式绝缘子、铁丝（金具备用），要求规格型号正确、质量合格、数量满足需要。 (2) 工器具:准备下列工器具,要求质量合格、安全可靠、数量满足需要。 ①停电操作工具：绝缘杆、验电器、高压发生器、接地线、绝缘手套、绝缘靴子、标示牌等。 ②登高工具：脚扣或踩板、安全帽、安全带等。 ③防护用具：个人保安线、防护服、绝缘鞋、手套等。 ④个人五小工具：电工钳、扳手、螺丝刀、小榔头、小绳等。 ⑤牵引工具：钢丝绳及绳套、工具 U 形环、滑轮、绳索等。	

序号	内 容	标　　　　准	参照依据
8	出发前检查	出发前由工作负责人检查： （1）检查人数、人员精神状态及身体状况。 （2）检查所带材料是否规格型号正确、质量合格、数量满足需要。 （3）检查所带工器具是否质量合格、安全可靠、数量满足需要。 （4）检查交通工具是否良好，行车证照是否齐全。	
9	停电操作与许可工作	（1）馈路停电： 　1）由变电站值班员根据调度命令或停电申请内容进行馈路停电操作，（此操作必须填用"变电站倒闸操作票"，并按操作票所列程序进行操作）并做好接地等安全措施。 　2）线路运行部门或施工班组停复电联系人（现场工作许可人）接到调度或变电站许可（第一次许可）工作的命令后，负责组织现场停电操作并做好安全措施，操作前负责核对线路双重名称及杆号，确认无误后，方可进行停电操作。以下操作按规定须用操作票时，应填用"电力线路倒闸操作票"，并按操作票所列程序进行操作。 　①断开需要现场操作的线路各端（含分支线）开关、刀闸或丝具。 　②断开危及线路停电作业，且不能采取相应措施的交叉跨越、平行或	《电力安全工作规程》 2.4 3.2 3.3 3.4 4.2

序号	内 容	标　　　　准	参照依据
9	停电操作与许可工作	接近和同杆(塔)架设线路(包括外单位和用户线路)的开关、刀闸或丝具。 　　③断开有可能返回低压电源和其他延伸至施工现场的低压线路电源开关。 　　④在上述线路各端已断开的开关或刀闸的操作机构上应加锁;三相丝具的熔丝管应取下;并在上述开关、刀闸或丝具的操作机构醒目位置悬挂"线路有人工作,禁止合闸!"的标示牌。 　　⑤在线路各端(包括无断开点且有可能返送电的支线上)应逐一验电、挂接地线,在有可能产生感应电的地段加挂接地线。 　　上述停电、验电、挂接地线等安全措施完成后,现场工作许可人方可向工作负责人下达许可(第二次许可)工作的命令。 　　(2)线路部分停电或支线停电: 　　由线路运行部门或施工班组停复电联系人(现场工作许可人)负责组织现场停电操作并做好安全措施,操作前负责核对线路名称及杆号,确认无误后,方可进行停电操作。以下操作按规定须用操作票时,应填用"电力线路倒闸操作票",并按操作票所列程序进行操作。 　　①先断开电源侧开关、刀闸或丝具,再断开需要现场操作的线路各端(含分支线)开关、刀闸或丝具。	《电力安全工作规程》 2.4 3.2 3.3 3.4 4.2

序号	内 容	标　　　准	参照依据
9	停电操作与许可工作	②断开危及线路停电作业，且不能采取相应措施的交叉跨越、平行或接近和同杆（塔）架设线路（包括外单位和用户线路）的开关、刀闸或丝具。 ③断开有可能返回低压电源和其他延伸至施工现场的低压线路电源开关。 ④在上述线路各端已断开的开关或刀闸的操作机构上应加锁；三相丝具的熔丝管应取下；并在上述开关、刀闸或丝具的操作机构醒目位置悬挂"线路有人工作，禁止合闸！"的标示牌。 ⑤在线路各端（包括无断开点且有可能返送电的支线上）应逐一验电、挂接地线，在有可能产生感应电的地段加挂接地线。 　　上述停电、验电、挂接地线等安全措施完成后，现场工作许可人方可向工作负责人下达许可工作的命令。 　　（3）工作许可人在向工作负责人发出许可工作的命令前，应将工作班组名称、数目、工作负责人姓名、工作地点和工作任务等记入记录簿内。 　　（4）许可开始工作的命令，应由工作许可人亲自下达给工作负责人。电话下达时，工作许可人及工作负责人应记录清楚明确，并复诵核对无误；当面下达时，工作许可人和工作负责人都应在工作票上记录许可时	《电力安全工作规程》 2.4 3.2 3.3 3.4 4.2

序号	内 容	标　　　准	参照依据
9	停电操作与许可工作	间，并签名（如现场工作许可人不直接参与监护或操作，而由他人监护和操作时，现场工作许可人必须在现场亲自目睹操作全过程，并确认操作结果）。 （5）填用第一种工作票进行工作，工作负责人应在得到全部工作许可人的许可后，方可开始工作。所谓全部工作许可人，是指直接向工作负责人下达许可工作命令的所有工作许可人。 1）馈路停电时，工作许可人包括： ①调度或变电站值班员（工作负责人直接担任停复电联系人）或中间停复电联系人（经中间停复电联系人向工作负责人下达许可工作的命令）。 ②若干个现场工作许可人（实施现场各方停电操作人或操作负责人）。 ③外单位或用户工作许可人（外单位或用户线路配合停电的联系人）。 2）线路部分停电或支线停电时，工作许可人包括： ①若干个现场工作许可人（实施现场各方停电操作人或操作负责人）。 ②外单位或用户工作许可人（外单位或用户线路配合停电的联系人）。	《电力安全工作规程》 2.4 3.2 3.3 3.4 4.2
10	宣读工作票	工作负责人在得到全部工作许可人许可工作的命令后， （1）认真核对线路双重名称及杆号，并确认无误。 （2）列队宣读工作票：	《电力安全工作规程》 2.3 2.5

序号	内 容	标 准	参照依据
10	宣读工作票	①交代工作任务，明确工作内容及工艺质量要求。 ②交代安全措施，明确停电范围及保留带电设备及带电部位，告知危险点及现场采取的安全措施，补充其他安全注意事项。 ③明确人员分工及安全责任，根据工作性质和危险程度，如设专人监护时，应明确专责监护人的监护范围和被监护人及其安全责任；如分组作业时，应明确指定小组工作负责人（监护人），并使用工作任务单。 ④现场提问1~2名作业人员，确认所有作业人员都清楚安全措施、明白工作内容后，所有作业人员在工作票上签名。 ⑤工作负责人下令开始工作。	《电力安全工作规程》 2.3 2.5
11	更换绝缘子	(1) 登杆前检查（三确认）： ①作业人员核对线路名称及杆号，确认无误后方可登杆。 ②作业人员观测估算电杆埋深及裂纹情况，确认稳固后方可登杆。 ③作业人员检查登高工具是否安全可靠，确认无误后方可登杆。 (2) 登杆作业： ①作业人员将滑轮挂在导线上方横担上，将牵引绳通过滑轮绑在导线上，地勤人员拉动牵引绳将导线提起，使悬式绝缘子串处于松弛状态。	《电力安全工作规程》 6.2

序号	内容	标　　准	参照依据
11	更换绝缘子	②作业人员用绳索将导线牢固可靠地悬挂在横担上，将绑在导线上的牵引绳解开绑在悬式绝缘子串中部。 ③作业人员取出绝缘子串与横担和悬垂线夹连接的两个螺栓，地勤人员松动牵引绳将绝缘子串落至地面。 ④地勤人员将新绝缘子在地面组装成串，拉动牵引绳将绝缘子串升至横担下，杆上人员将绝缘子串与横担和悬垂线夹连接，穿好螺栓，开好开口销并检查确认无误。 ⑤作业人员将绑在绝缘子串上牵引绳解开绑在导线上，地勤人员拉动牵引绳提起导线，作业人员解开悬挂导线绳索，地勤人员松动牵引绳使导线恢复自然状态。其余各相如法操作。	《电力安全工作规程》6.2
12	检查验收	（1）施工作业结束后，工作负责人依据施工验收规范对施工工艺、质量进行自查验收，合格后，命令作业人员撤离现场。 （2）通知运行单位进行验收。	《施工验收规范》
13	工作终结与恢复送电	（1）停电作业结束后，工作负责人应履行下列职责： 1）工作负责人认为工作已结束，并在得到所有小组负责人工作结束的汇报后，应检查线路施工地段的状况，确认在杆塔上、导线上、绝缘子	《电力安全工作规程》2.7

序号	内容	标　　　准	参照依据
13	工作终结与恢复送电	串上及其他辅助设备上没有遗留的个人保安线、工具、材料等，检查清点并确认全部作业人员已由杆塔上撤离，将全部作业人员集中一处，宣布："××线路已视同带电，禁止任何人再登杆作业"，如个别作业人员不能集中时，工作负责人必须设法通知到本人。 　　2）工作负责人分别向全部工作许可人汇报： 　　①对调度或变电站值班员（工作许可人）、或运检分设，对线路运行部门现场工作许可人的汇报："工作负责人×××向你汇报，××单位××班组在×处（说明起止杆号、分支线路名称等）停电工作已全部结束，本班组作业人员已全部撤离现场，经检查确认线路上无遗留物，××线路可以恢复送电"。 　　②运检合一，对本班组现场工作许可人的汇报："××班组在××线路上×处（说明起止杆号、分支线路名称等）停电工作已全部结束，作业人员已全部撤离线路，经检查确认线路上无遗留物，可拆除接地线等安全措施，恢复线路供电"。 　　③对外单位或用户配合停电工作许可人的汇报："工作负责人×××向你汇报，××单位××班组停电工作已全部结束，你单位配合停电的线路可恢复送电"。	《电力安全工作规程》2.7

序号	内 容	标　　　准	参照依据
13	工作终结与恢复送电	（2）停电工作结束后，各方工作许可人应履行下列职责： ①调度或变电站值班员（工作许可人）在接到所有工作负责人（包括用户）的完工报告后，与记录簿核对工作班组名称和工作负责人姓名，确认无误后，拆除安全措施，恢复送电（送电操作应填用"变电站倒闸操作票"，并按操作票所列程序进行操作）。 ②运检分设，线路运行部门现场工作许可人在接到所有工作负责人（包括用户）的完工报告后，与记录簿核对工作班组名称和工作负责人姓名，确认无误后，检查确认全部工作结束，全部工作人员已撤离线路，下令拆除接地线等现场安全措施，全部安全措施拆除后，核对清点接地线、标示牌数目，确认无误后，合上线路各端断开的开关、刀闸或丝具，恢复线路供电（以上操作按规定须用操作票时，应填用"电力线路倒闸操作票"，并按操作票所列程序进行操作）。 ③运检合一，本班组现场工作许可人在接到本班组工作负责人已完工和可拆除安全措施、恢复线路供电的报告后，与记录簿核对工作班组名称和工作负责人姓名，检查确认全部工作已结束、全部工作人员已撤离线路、线路上无遗留物后，组织拆除接地线等安全措施，全部安全措施拆除完毕后，核对清点接地线、标示牌数目，确认无误后，合上线路各端	《电力安全工作规程》2.7

序号	内　容	标　　　准	参照依据
13	工作终结与恢复送电	断开的开关、刀闸或丝具，恢复线路供电（以上操作按规定须用操作票时，应填用"电力线路倒闸操作票"，并按操作票所列程序进行操作）。 （3）低压线路停电工作结束、恢复送电可参照以上程序进行。	《电力安全工作规程》2.7
14	召开班后会	工作结束后，工作负责人组织全体施工人员召开班后会，总结工作经验和存在的问题，制定改进措施。	
15	资料归档	施工单位技术人员将变动后的设备情况以书面形式移交给运行单位存档。	

十二、更换 10kV 及以下线路耐张（T 接、终端）杆绝缘子

（一）更换 10kV 及以下线路耐张（T 接、终端）杆绝缘子标准作业流程图

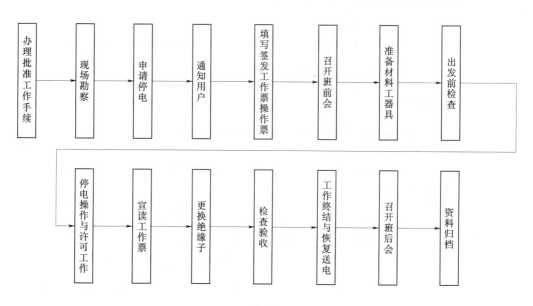

（二）更换 10kV 及以下线路耐张（T 接、终端）杆绝缘子标准作业流程

序号	内 容	标　　　准	参照依据
1	办理批准工作手续	施工班组根据线路电压等级向主管部门提出工作申请，经批准方可进行工作（主管部门应以书面形式批准工作）。	
2	现场勘察	（1）进行较为复杂的电力线路施工作业或相关人员（生产、安全管理人员或工作票签发人和工作负责人）认为有必要进行现场勘察的施工作业，由现场工作负责人组织相关人员（施工技术、安监人员）进行现场勘察，并做好勘察记录。确定现场作业危险点及控制措施，制定现场施工方案。 （2）现场勘察的内容： ①落实施工作业需要停电的范围（停电设备名称及所属单位）、保留带电设备及带电部位。 ②落实施工作业涉及的交叉跨越（电力线路、弱电线路、铁路、公路、建筑物、种植物等）。 ③落实所需材料、设备的规格、型号和数量。 ④查看施工现场条件和环境（施工运输道路、种植物损毁赔付等）。 （3）根据现场勘察结果，对施工危险性、复杂性和困难程度较大的施工作业项目，应编制组织措施、技术措施和安全措施，经本单位主管安全生产领导批准后执行。	《电力安全工作规程》2.2

序号	内 容	标　　准	参照依据
3	申请停电	施工日期确定后，应提前一天送达书面停电申请。 （1）馈路停电：由线路运行部门办理停电申请手续，经生产主管或调度部门审批签字后，送达调度或变电站值班员。 （2）线路部分停电或支线停电：由线路运行部门或施工班组向线路运行管理部门申请停电并办理停电申请手续，经生产主管部门审批签字后，由批准申请部门和申请部门各保留一份。 （3）如停电作业需其他单位（包括用户）线路配合停电时，应由施工单位事先联系，送达书面停电申请，取得配合停电单位的同意，并要求配合停电单位做好停电、接地等安全措施。	
4	通知用户	停电日期确定后，由生产调度部门或用户管理部门提前 7 天（计划停电时）将具体停电时间电话或书面通知用户，并将通知人及用户接受通知人的姓名、通知时间等记入记录，以备查询。	"供电服务"十项承诺
5	填写签发工作票操作票	（1）工作票的填写与签发：由工作负责人根据工作性质提前一天（临时停电工作除外）填写"电力线路第一种工作票"（更换低压耐张、T接、终端杆绝缘子时，应填写"低压第一种工作票"），经工作票签发人审核签字、工作负责人认可并签字后，一份留存工作票签发人或工作许可人处，另一份应提前交给工作负责人。 （2）操作票的填写与审核：由倒闸操作人根据发令人（值班调度员、变	《电力安全工作规程》 2.3 4.2 《农村低压电气安全工作规程》 5.1.1

序号	内容	标　　　准	参照依据
5	填写签发工作票操作票	电站值班人员或设备运行部门人员）的操作指令，填写或打印倒闸操作票，操作人和监护人应根据模拟图或接线图核对所填写的操作项目和程序是否正确，确认无误后分别签名（事故应急处理和拉合开关或丝具的单一操作可以不使用操作票）。	《电力安全工作规程》2.3 4.2 《农村低压电气安全工作规程》5.1.1
6	召开班前会	施工作业开始前，由现场工作负责人召开全体施工人员会议，进行技术交底和安全交底，分配工作任务。 （1）技术交底：工作负责人向全体施工人员交代施工方案、施工工艺、质量要求、作业注意等事项。 （2）安全交底：工作负责人向全体施工人员交代施工作业危险点及控制措施，该项工作主要的危险点及控制措施是： ①防触电伤害。A. 严防导线下落（意外脱落）触及带电线路。控制措施：a. 带电线路应配合停电；b. 杆上采取保险措施，严防导线脱落。B. 严防误登、误操作。控制措施：登杆前核对线路双重名称及杆号，确认无误后方可登杆，设专人监护以防误登、误操作。C. 严防返送电源和感应电。控制措施：拉开有可能返送电的线路开关或丝具，并挂接地线，在有可能产生感应电的地段加挂接地线或使用个人保安线。	《电力安全工作规程》2.3 6.2

序号	内 容	标 准	参照依据
6	召开班前会	②防高空坠落。控制措施：A. 作业人员登杆前，检查登杆工具是否安全可靠，确认无误后方可登杆；B. 作业人员登杆时做到："脚踩稳、手扒牢、一步一步慢登高，到达位置第一要，安全皮带系牢靠"；C. 安全带应系在牢固可靠的构件上，工作位置转换后，应及时好安全带。 ③防高空坠物伤人。控制措施：A. 地勤人员尽量避免停留在杆下；B. 地勤人员戴好安全帽；C. 工具材料用绳索传递，尽量避免高空坠物；D. 操作跌落丝具时，操作人员应选好操作位置，防止丝具管跌落伤人。 （3）交代工作任务；进行人员分工，明确专责监护人的监护范围和被监护人及其安全责任等。	《电力安全工作规程》2.3 6.2
7	准备材料、工器具	（1）材料：准备悬式绝缘子、扎线等（金具备用），要求规格型号正确、质量合格、数量满足需要。 （2）工器具：准备下列工器具，要求质量合格、安全可靠、数量满足需要。 ①停电操作工具：绝缘杆、验电器、高压发生器、接地线、绝缘手套、绝缘靴子、标示牌等。 ②登高工具：脚扣或踩板、安全帽、安全带等。 ③防护用具：个人保安线、防护服、绝缘鞋、手套等。	

序号	内 容	标　　准	参照依据
7	准备材料、工器具	④个人五小工具：电工钳、扳手、螺丝刀、小榔头、小绳等。 ⑤牵引工具：手扳葫芦、紧线器（钳）、三角钳头、钢丝绳套、工具 U 形环、滑轮、绳索等。 ⑥其它工具：钢锚钎、大榔头等。	
8	出发前检查	出发前由工作负责人检查： （1）检查人数、人员精神状态及身体状况。 （2）检查所带材料是否规格型号正确、质量合格、数量满足需要。 （3）检查所带工器具是否质量合格、安全可靠、数量满足需要。 （4）检查交通工具是否良好，行车证照是否齐全。	
9	停电操作与许可工作	（1）馈路停电： 　1）由变电站值班员根据调度命令或停电申请内容进行馈路停电操作（此操作必须填用"变电站倒闸操作票"，并按操作票所列程序进行操作），并做好接地等安全措施。 　2）线路运行部门或施工班组停复电联系人（现场工作许可人）接到调度或变电站许可（第一次许可）工作的命令后，负责组织现场停电操作并做好安全措施，操作前负责核对线路双重名称及杆号，确认无误后，	《电力安全工作规程》 2.4 3.2 3.3 3.4 4.2

序号	内 容	标　　　准	参照依据
9	停电操作与许可工作	方可进行停电操作。以下操作按规定须用操作票时，应填用"电力线路倒闸操作票"，并按操作票所列程序进行操作。 ①断开需要现场操作的线路各端（含分支线）开关、刀闸或丝具。 ②断开危及线路停电作业，且不能采取相应措施的交叉跨越、平行或接近和同杆(塔)架设线路(包括外单位和用户线路)的开关、刀闸或丝具。 ③断开有可能返回低压电源和其他延伸至施工现场的低压线路电源开关。 ④在上述线路各端已断开的开关或刀闸的操作机构上应加锁；三相丝具的熔丝管应取下；并在上述开关、刀闸或丝具的操作机构醒目位置悬挂"线路有人工作，禁止合闸！"的标示牌。 ⑤在线路各端（包括无断开点且有可能返送电的支线上）应逐一验电、挂接地线，在有可能产生感应电的地段加挂接地线。 上述停电、验电、挂接地线等安全措施完成后，现场工作许可人方可向工作负责人下达许可（第二次许可）工作的命令。 (2) 线路部分停电或支线停电： 由线路运行部门或施工班组停复电联系人（现场工作许可人）负责组织现场停电操作并做好安全措施，操作前负责核对线路名称及杆号，确	《电力安全工作规程》 2.4 3.2 3.3 3.4 4.2

序号	内容	标　　准	参照依据
9	停电操作与许可工作	认无误后，方可进行停电操作。以下操作按规定须用操作票时，应填用"电力线路倒闸操作票"，并按操作票所列程序进行操作。 ①先断开电源侧开关、刀闸或丝具，再断开需要现场操作的线路各端（含分支线）开关、刀闸或丝具。 ②断开危及线路停电作业，且不能采取相应措施的交叉跨越、平行或接近和同杆（塔）架设线路（包括外单位和用户线路）的开关、刀闸或丝具。 ③断开有可能返回低压电源和其他延伸至施工现场的低压线路电源开关。 ④在上述线路各端已断开的开关或刀闸的操作机构上应加锁；三相丝具的熔丝管应取下；并在上述开关、刀闸或丝具的操作机构醒目位置悬挂"线路有人工作，禁止合闸！"的标示牌。 ⑤在线路各端（包括无断开点且有可能返送电的支线上）应逐一验电、挂接地线，在有可能产生感应电的地段加挂接地线。 上述停电、验电、挂接地线等安全措施完成后，现场工作许可人方可向工作负责人下达许可工作的命令。 （3）低压线路停电： 由线路运行部门人员或工作班组人员担任现场工作许可人，现场工作	《电力安全工作规程》 2.4 3.2 3.3 3.4 4.2

序号	内 容	标　　准	参照依据
9	停电操作与许可工作	许可人负责核对并确认变压器台区名称和停电线路名称，组织停电操作并布置现场安全措施。 ①拉开台区变压器低压总开关或分路开关，摘下熔丝管，在开关线路侧验电、挂接地线，在开关把手醒目位置悬挂"线路有人工作，禁止合闸！"的标示牌。如开关在室（箱）内，则配电室（箱）应加锁。以上安全措施完成后，工作许可人向工作负责人下达许可工作的命令。 ②工作负责人接到工作许可人许可工作的命令后，下令开始工作。 （4）工作许可人在向工作负责人发出许可工作的命令前，应将工作班组名称、数目、工作负责人姓名、工作地点和工作任务等记入记录簿内。 （5）许可开始工作的命令，应由工作许可人亲自下达给工作负责人。电话下达时，工作许可人及工作负责人应记录清楚明确，并复诵核对无误；当面下达时，工作许可人和工作负责人都应在工作票上记录许可时间，并签名（如现场工作许可人不直接参与监护或操作，而由他人监护和操作时，现场工作许可必须在现场亲自目睹操作全过程，并确认操作结果）。 （6）填用第一种工作票进行工作，工作负责人应在得到全部工作许可人的许可后，方可开始工作。所谓全部工作许可人，是指直接向工作负责人下达许可工作命令的所有工作许可人。	《电力安全工作规程》 2.4 3.2 3.3 3.4 4.2

序号	内容	标　　准	参照依据
9	停电操作与许可工作	1) 馈路停电时，工作许可人包括： ①调度或变电站值班员(工作负责人直接担任停复电联系人)或中间停复电联系人(经中间停复电联系人向工作负责人下达工作许可的命令)。 ②若干个现场工作许可人（实施现场各方停电操作人或操作负责人）。 ③外单位或用户工作许可人（外单位或用户线路配合停电的联系人）。 2) 线路部分停电或支线停电时，工作许可人包括： ①若干个现场工作许可人（实施现场各方停电操作人或操作负责人）。 ②外单位或用户工作许可人（外单位或用户线路配合停电的联系人）。	《电力安全工作规程》 2.4 3.2 3.3 3.4 4.2
10	宣读工作票	工作负责人在得到全部工作许可人许可工作的命令后： (1) 认真核对线路双重名称及杆号，并确认无误。 (2) 列队宣读工作票： ①交代工作任务，明确工作内容及工艺质量要求。 ②交代安全措施，明确停电范围及保留带电设备及带电部位，告知危险点及现场采取的安全措施，补充其他安全注意事项。 ③明确人员分工及安全责任，根据工作性质和危险程度，如设专人监护时，应明确专责监护人的监护范围和被监护人及其安全责任；如分组	《电力安全工作规程》 2.3 2.5

序号	内 容	标　　　准	参照依据
10	宣读工作票	作业时，应明确指定小组工作负责人（监护人），并使用工作任务单。 ④现场提问1～2名作业人员，确认所有作业人员都清楚安全措施、明白工作内容后，所有作业人员在工作票上签名。 ⑤工作负责人下令开始工作。	《电力安全工作规程》 2.3 2.5
11	更换绝缘子	（1）登杆前检查（三确认）： ①作业人员核对线路名称及杆号，确认无误后方可登杆。 ②作业人员观测估算电杆埋深及裂纹情况，确认稳固后方可登杆。 ③作业人员检查登高工具是否安全可靠，确认无误后方可登杆。 （2）登杆作业： ①作业人员在杆上挂好紧线器、滑轮，将三角钳头卡在导线上，将牵引绳通过滑轮与三角钳头连接，另一头固定在地锚上。 ②拆旧换新:用紧线器配合牵引绳收紧导线,使绝缘子串处于松弛状态,将另一牵引绳通过杆上滑轮绑在绝缘子串中部,地勤人员拉紧牵引绳,杆上人员取出绝缘子串与横担和耐张线夹连接的两个螺栓,松动绳索将绝缘子串落至地面。将新绝缘子在地面组装成串,用绳索将绝缘子串拉升至横担,杆上人员将绝缘子串与横担和耐张线夹连接,穿好螺栓开好开口销。检查无误后,先拆除紧线器,再拆除牵引绳,其他各相如法操作。	《电力安全工作规程》 6.2

序号	内 容	标 准	参照依据
12	检查验收	（1）施工作业结束后，工作负责人依据施工验收规范对施工工艺、质量进行自查验收，合格后，命令作业人员撤离现场。 （2）通知运行单位进行验收。	《施工验收规范》
13	工作终结与恢复送电	（1）停电作业结束后，工作负责人应履行下列职责： 1）工作负责人认为工作已结束，并在得到所有小组负责人工作结束的汇报后，应检查线路施工地段的状况，确认在杆塔上、导线上、绝缘子串上及其他辅助设备上没有遗留的个人保安线、工具、材料等，检查清点并确认全部作业人员已由杆塔上撤离，将全部作业人员集中一处，宣布："××线路已视同带电，禁止任何人再登杆作业"，如个别作业人员不能集中时，工作负责人必须设法通知到本人。 2）工作负责人分别向全部工作许可人汇报： ①对调度或变电站值班员（工作许可人）或运检分设，对线路运行部门现场工作许可人的汇报："工作负责人×××向你汇报，××单位××班组在×处（说明起止杆号、分支线路名称等）停电工作已全部结束，本班组作业人员已全部撤离现场，经检查确认线路上无遗留物，××线路可以恢复送电"。 ②运检合一，对本班组现场工作许可人的汇报："××班组在××线路	《电力安全工作规程》2.7

序号	内 容	标　　准	参照依据
13	工作终结与恢复送电	上×处（说明起止杆号、分支线路名称等）停电工作已全部结束，作业人员已全部撤离线路，经检查确认线路上无遗留物，可拆除接地线等安全措施，恢复线路供电"。 ③对外单位或用户配合停电工作许可人的汇报："工作负责人×××向你汇报，××单位××班组停电工作已全部结束，你单位配合停电的线路可恢复送电"。 （2）停电工作结束后，各方工作许可人应履行下列职责： ①调度或变电站值班员（工作许可人）在接到所有工作负责人（包括用户）的完工报告后，与记录簿核对工作班组名称和工作负责人姓名，确认无误后，拆除安全措施，恢复送电（送电操作应填用"变电站倒闸操作票"，并按操作票所列程序进行操作）。 ②运检分设，线路运行部门现场工作许可人在接到所有工作负责人（包括用户）的完工报告后，与记录簿核对工作班组名称和工作负责人姓名，确认无误后，检查确认全部工作结束，全部工作人员已撤离线路，下令拆除接地线等现场安全措施，全部安全措施拆除后，核对清点接地线、标示牌数目，确认无误后，合上线路各端断开的开关、刀闸或丝具，恢复线路供电（以上操作按规定须用操作票时，应填用"电力线路倒闸	《电力安全工作规程》2.7

序号	内容	标　　准	参照依据
13	工作终结与恢复送电	操作票"，并按操作票所列程序进行操作）。 　③运检合一，本班组现场工作许可人在接到本班组工作负责人已完工和可拆除安全措施、恢复线路供电的报告后，与记录簿核对工作班组名称和工作负责人姓名，检查确认全部工作已结束、全部工作人员已撤离线路、线路上无遗留物后，组织拆除接地线等安全措施，全部安全措施拆除完毕后，核对清点接地线、标示牌数目，确认无误后，合上线路各端断开的开关、刀闸或丝具，恢复线路供电（以上操作按规定须用操作票时，应填用"电力线路倒闸操作票"，并按操作票所列程序进行操作）。 　（3）低压线路停电工作结束、恢复送电可参照以上程序进行。	《电力安全工作规程》2.7
14	召开班后会	工作结束后，工作负责人组织全体施工人员召开班后会，总结工作经验和存在的问题，制定改进措施。	
15	资料归档	施工单位技术人员将变动后的设备情况以书面形式移交给运行单位存档。	

十三、更换 10kV 及以下线路拉线

（一）更换 10kV 及以下线路拉线标准作业流程图

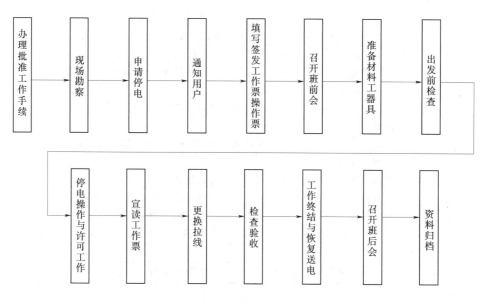

（二）更换 10kV 及以下线路拉线标准作业流程

序号	内 容	标 准	参照依据
1	办理批准工作手续	施工班组根据线路电压等级向主管部门提出工作申请，经批准方可进行工作（主管部门应以书面形式批准工作）。	
2	现场勘察	（1）进行较为复杂的电力线路施工作业或相关人员(生产、安全管理人员或工作票签发人和工作负责人)认为有必要进行现场勘察的施工作业，由现场工作负责人组织相关人员(施工技术、安监人员)进行现场勘察，并做好勘察记录。确定现场作业危险点及控制措施,制定现场施工方案。 （2）现场勘察的内容： ①落实施工作业需要停电的范围（停电设备名称及所属单位）、保留带电设备及带电部位。 ②落实施工作业涉及的交叉跨越（电力线路、弱电线路、铁路、公路、建筑物、种植物等）。 ③落实所需材料、设备的规格、型号和数量。 ④查看施工现场条件和环境（施工运输道路、种植物损毁赔付等）。 （3）根据现场勘察结果，对施工危险性、复杂性和困难程度较大的施工作业项目，应编制组织措施、技术措施和安全措施，经本单位主管安全生产领导批准后执行。	《电力安全工作规程》2.2
3	申请停电	施工日期确定后，应提前一天送达书面停电申请。	

序号	内 容	标　　准	参照依据
3	申请停电	（1）馈路停电：由线路运行部门办理停电申请手续，经生产主管或调度部门审批签字后，送达调度或变电站值班员。 （2）线路部分停电或支线停电：由线路运行部门或施工班组向线路运行管理部门申请停电并办理停电申请手续，经生产主管部门审批签字后，由批准申请部门和申请部门各保留一份。 （3）如停电作业需其他单位（包括用户）线路配合停电时，应由施工单位事先联系，送达书面停电申请，取得配合停电单位的同意，并要求配合停电单位做好停电、接地等安全措施。	
4	通知用户	停电日期确定后，由生产调度部门或用户管理部门提前7天（计划停电时）将具体停电时间电话或书面通知用户，并将通知人及用户接受通知人的姓名、通知时间等记入记录，以备查询。	"供电服务"十项承诺
5	填写签发工作票操作票	（1）工作票的填写与签发：由工作负责人根据工作性质提前一天（临时停电工作除外）填写"电力线路第一种工作票"（更换低压拉线时，应填写"低压第一种工作票"），经工作票签发人审核签字、工作负责人认可并签字后，一份留存工作票签发人或工作许可人处，另一份应提前交给工作负责人。 （2）操作票的填写与审核：由倒闸操作人根据发令人（值班调度员、变	《电力安全工作规程》2.3 4.2 《农村低压电气安全工作规程》5.1.1

序号	内容	标　　准	参照依据
5	填写签发工作票操作票	电站值班人员或设备运行部门人员）的操作指令，填写或打印倒闸操作票，操作人和监护人应根据模拟图或接线图核对所填写的操作项目和程序是否正确，确认无误后分别签名（事故应急处理和拉合开关或丝具的单一操作可以不使用操作票）。	《电力安全工作规程》2.3　4.2《农村低压电气安全工作规程》5.1.1
6	召开班前会	施工作业开始前，由现场工作负责人召开全体施工人员会议，进行技术交底和安全交底，分配工作任务。 　　（1）技术交底：工作负责人向全体施工人员交代施工方案、施工工艺、质量要求、作业注意等事项。 　　（2）安全交底：工作负责人向全体施工人员交代施工作业危险点及控制措施，该项工作主要的危险点及控制措施是： 　　①防触电伤害。A. 防止导线或拉线万一触及带电线路。控制措施：带电线路危及施工安全时应配合停电；B. 严防误登、误操作。控制措施：登杆前核对线路双重名称及杆号，确认无误后方可登杆，设专人监护以防误登、误操作。 　　②防高空坠落。控制措施：A. 作业人员登杆前，检查登杆工具是否安全可靠，确认无误后方可登杆；B. 作业人员登杆时做到："脚踩稳、手	《电力安全工作规程》2.3　6.2

序号	内容	标　　准	参照依据
6	召开班前会	扒牢、一步一步慢登高，到达位置第一要，安全皮带系牢靠"；C. 安全带应系在牢固可靠的构件上，工作位置转换后，应及时系好安全带。 ③防高空坠物伤人。控制措施：A. 地勤人员尽量避免停留在杆下；B. 地勤人员戴好安全帽；C. 工具材料用绳索传递，尽量避免高空坠物；D. 操作跌落丝具时，操作人员应选好操作位置，防止丝具管跌落伤人。 ④防电杆倾倒伤人。控制措施：更换耐张、T 接、终端、分角拉线时，根据拉线受力情况，必须用钢丝绳打上临时拉线，临时拉线必须牢固可靠。 （3）交代工作任务，进行人员分工，明确专责监护人的监护范围和被监护人及其安全责任等。	《电力安全工作规程》 2.3 6.2
7	准备材料工器具	（1）材料：准备钢绞线、拉线包箍、二连板、楔型线夹、UT 形线夹、铁丝、拉线绝缘子等，要求规格型号正确、质量合格、数量满足需要。 （2）工器具：准备下列工器具，要求质量合格、安全可靠、数量满足需要。 ①停电操作工具：绝缘杆、验电器、高压发生器、接地线、绝缘手套、绝缘靴子、标示牌等。	

序号	内 容	标　　　　准	参照依据
7	准备材料工器具	②登高工具：脚扣或踩板、安全帽、安全带等。 ③防护用具：个人保安线、防护服、绝缘鞋、手套等。 ④个人五小工具：电工钳、扳手、螺丝刀、小榔头、小绳等。 ⑤牵引工具：手扳葫芦或双勾紧线器、钢线紧线钳、钢丝绳及钢丝绳套、工具U形环、绳索等。 ⑥其它工具：断线钳、铁锹、皮卷尺等。	
8	出发前检查	出发前由工作负责人检查： (1) 检查人数、人员精神状态及身体状况。 (2) 检查所带材料是否规格型号正确、质量合格、数量满足需要。 (3) 检查所带工器具是否质量合格、安全可靠、数量满足需要。 (4) 检查交通工具是否良好，行车证照是否齐全。	
9	停电操作与许可工作	(1) 馈路停电： 1) 由变电站值班员根据调度命令或停电申请内容进行馈路停电操作，(此操作必须填用"变电站倒闸操作票"，并按操作票所列程序进行操作) 并做好接地等安全措施。 2) 线路运行部门或施工班组停复电联系人 (现场工作许可人) 接到调	《电力安全工作规程》 2.4 3.2 3.3 3.4 4.2

序号	内 容	标　　准	参照依据
9	停电操作与许可工作	度或变电站许可（第一次许可）工作的命令后，负责组织现场停电操作并做好安全措施，操作前负责核对线路双重名称及杆号，确认无误后，方可进行停电操作。以下操作按规定须用操作票时，应填用"电力线路倒闸操作票"，并按操作票所列程序进行操作。 ①断开需要现场操作的线路各端（含分支线）开关、刀闸或丝具。 ②断开危及线路停电作业，且不能采取相应措施的交叉跨越、平行或接近和同杆（塔）架设线路（包括外单位和用户线路）的开关、刀闸或丝具。 ③断开有可能返回低压电源和其他延伸至施工现场的低压线路电源开关。 ④在上述线路各端已断开的开关或刀闸的操作机构上应加锁；三相丝具的熔丝管应取下；并在上述开关、刀闸或丝具的操作机构醒目位置悬挂"线路有人工作，禁止合闸！"的标示牌。 ⑤在线路各端（包括无断开点且有可能返送电的支线上）应逐一验电、挂接地线，在有可能产生感应电的地段加挂接地线。 上述停电、验电、挂接地线等安全措施完成后，现场工作许可人方可向工作负责人下达许可（第二次许可）工作的命令。	《电力安全工作规程》 2.4 3.2 3.3 3.4 4.2

序号	内　容	标　准	参照依据
9	停电操作与许可工作	（2）线路部分停电或支线停电：由线路运行部门或施工班组停复电联系人（现场工作许可人）负责组织现场停电操作并做好安全措施，操作前负责核对线路名称及杆号，确认无误后，方可进行停电操作。以下操作按规定须用操作票时，应填用"电力线路倒闸操作票"，并按操作票所列程序进行操作。 ①先断开电源侧开关、刀闸或丝具，再断开需要现场操作的线路各端（含分支线）开关、刀闸或丝具。 ②断开危及线路停电作业，且不能采取相应措施的交叉跨越、平行或接近和同杆（塔）架设线路（包括外单位和用户线路）的开关、刀闸或丝具。 ③断开有可能返回低压电源和其他延伸至施工现场的低压线路电源开关。 ④在上述线路各端已断开的开关或刀闸的操作机构上应加锁；三相丝具的熔丝管应取下；并在上述开关、刀闸或丝具的操作机构醒目位置悬挂"线路有人工作，禁止合闸！"的标示牌。 ⑤在线路各端（包括无断开点且有可能返送电的支线上）应逐一验电、挂接地线，在有可能产生感应电的地段加挂接地线。	《电力安全工作规程》 2.4 3.2 3.3 3.4 4.2

序号	内 容	标　　　准	参照依据
9	停电操作与许可工作	上述停电、验电、挂接地线等安全措施完成后，现场工作许可人方可向工作负责人下达许可工作的命令。 （3）低压线路停电： 　　由线路运行部门人员或工作班组人员担任现场工作许可人，现场工作许可人负责核对并确认变压器台区名称和停电线路名称，组织停电操作并布置现场安全措施。 　　①拉开台区变压器低压总开关或分路开关，摘下熔丝管，在开关线路侧验电、挂接地线，在开关把手醒目位置悬挂"线路有人工作，禁止合闸！"的标示牌。如开关在室（箱）内，则配电室（箱）应加锁。以上安全措施完成后，工作许可人向工作负责人下达许可工作的命令。 　　②工作负责人接到工作许可人许可工作的命令后，下令开始工作。 　　（4）工作许可人在向工作负责人发出许可工作的命令前，应将工作班组名称、数目、工作负责人姓名、工作地点和工作任务等记入记录簿内。 　　（5）许可开始工作的命令，应由工作许可人亲自下达给工作负责人。电话下达时，工作许可人及工作负责人应记录清楚明确，并复诵核对无误；当面下达时，工作许可人和工作负责人都应在工作票上记录许可时间，并签名（如现场工作许可人不直接参与监护或操作，而由他人监护	《电力安全工作规程》 2.4 3.2 3.3 3.4 4.2

序号	内容	标　　准	参照依据
9	停电操作与许可工作	和操作时，现场工作许可人必须在现场亲自目睹操作全过程，并确认操作结果）。 （6）填用第一种工作票进行工作，工作负责人应在得到全部工作许可人的许可后，方可开始工作。所谓全部工作许可人，是指直接向工作负责人下达许可工作命令的所有工作许可人。 　1）馈路停电时，工作许可人包括： ①调度或变电站值班员(工作负责人直接担任停复电联系人)或中间停复电联系人(经中间停复电联系人向工作负责人下达工作许可的命令)。 ②若干个现场工作许可人（实施现场各方停电操作人或操作负责人）。 ③外单位或用户工作许可人（外单位或用户线路配合停电的联系人）。 　2）线路部分停电或支线停电时，工作许可人包括： ①若干个现场工作许可人（实施现场各方停电操作人或操作负责人）。 ②外单位或用户工作许可人（外单位或用户线路配合停电的联系人）。	《电力安全工作规程》 2.4 3.2 3.3 3.4 4.2
10	宣读工作票	工作负责人在得到全部工作许可人许可工作的命令后， （1）认真核对线路双重名称及杆号，并确认无误。 （2）列队宣读工作票： ①交代工作任务，明确工作内容及工艺质量要求。	《电力安全工作规程》 2.3 2.5

序号	内 容	标　　　　准	参照依据
10	宣读工作票	②交代安全措施，明确停电范围及保留带电设备及带电部位，告知危险点及现场采取的安全措施，补充其他安全注意事项。 ③明确人员分工及安全责任，根据工作性质和危险程度，如设专人监护时，应明确专责监护人的监护范围和被监护人及其安全责任；如分组作业时，应明确指定小组工作负责人（监护人），并使用工作任务单。 ④现场提问1～2名作业人员，确认所有作业人员都清楚安全措施、明白工作内容后，所有作业人员在工作票上签名。 ⑤工作负责人下令开始工作。	《电力安全工作规程》 2.3 2.5
11	更换拉线	(1) 登杆前检查（三确认）： ①作业人员核对线路名称及杆号，确认无误后方可登杆。 ②作业人员观测估算电杆埋深及裂纹情况，确认稳固后方可登杆。 ③作业人员检查登高工具是否安全可靠，确认无误后方可登杆。 (2) 制作更换拉线： ①拉线制作，拉线用钢绞线制作，上把用楔型线夹，下把用 UT 形线夹，上端回头露出线夹 30cm、下端回头露出线夹 50cm 为宜，上下回头各用 8 号铁丝麻股 20cm，并绑扎好末端线头。如加装拉线绝缘子，绝缘子两端回头 40cm 为宜，用 8 号铁丝麻股 30cm，绝缘子位置必须保持在	《电力安全工作规程》 6.2

序号	内容	标　　　准	参照依据
11	更换拉线	拉线可能触及的带电导线以下，并保证拉线从地面断开时，绝缘子对地不得小于 3m。拉线在线夹本体内主线应在平面，辅线（回头线）应在斜面，安装时线夹鼓肚应向上或向外。 ②拉线安装：拉线安装从上到下依次为拉线包箍、延长环或二连板、楔型线夹、拉线（钢绞线）UT 形线夹、地锚拉杆、连接 U 形环、地锚拉（挂）环、地锚。 ③拆除旧拉线：作业人员登杆将钢丝绳一端固定在电杆横担处（注意：固定位置不得影响更换拉线），地勤人员将钢丝绳收紧固定在地锚上（做到牢固可靠、万无一失），收紧钢丝绳使其完全受力，地勤人员拆开拉线下端，杆上人员拆除旧拉线。 ④安装新拉线：杆上人员将拉线上端紧靠横担安装在电杆上，地勤人员收紧拉线、做好拉线下端，并与地锚拉杆连接，调节线夹螺丝使拉线完全受力，检查无误后，拆除钢丝绳。	《电力安全工作规程》6.2
12	检查验收	（1）施工作业结束后，工作负责人依据施工验收规范对施工工艺、质量进行自查验收，合格后，命令作业人员撤离现场。 （2）通知运行单位进行验收。	《施工验收规范》

序号	内 容	标　　　　准	参照依据
13	工作终结与恢复送电	（1）停电作业结束后，工作负责人应履行下列职责： 　1）工作负责人认为工作已结束，并在得到所有小组负责人工作结束的汇报后，应检查线路施工地段的状况，确认在杆塔上、导线上、绝缘子串上及其他辅助设备上没有遗留的个人保安线、工具、材料等，检查清点并确认全部作业人员已由杆塔上撤离，将全部作业人员集中一处，宣布："××线路已视同带电，禁止任何人再登杆作业"，如个别作业人员不能集中时，工作负责人必须设法通知到本人。 　2）工作负责人分别向全部工作许可人汇报： 　①对调度或变电站值班员（工作许可人）、或运检分设，对线路运行部门现场工作许可人的汇报："工作负责人×××向你汇报，××单位××班组在×处（说明起止杆号、分支线路名称等）停电工作已全部结束，本班组作业人员已全部撤离现场，经检查确认线路上无遗留物，××线路可以恢复送电"。 　②运检合一，对本班组现场工作许可人的汇报："××班组在××线路上×处（说明起止杆号、分支线路名称等）停电工作已全部结束，作业人员已全部撤离线路，经检查确认线路上无遗留物，可拆除接地线等安全措施，恢复线路供电"。	《电力安全工作规程》2.7

序号	内容	标 准	参照依据
13	工作终结与恢复送电	③对外单位或用户配合停电工作许可人的汇报："工作负责人×××向你汇报，××单位××班组停电工作已全部结束，你单位配合停电的线路可恢复送电"。 （2）停电工作结束后，各方工作许可人应履行下列职责： ①调度或变电站值班员（工作许可人）在接到所有工作负责人（包括用户）的完工报告后，与记录簿核对工作班组名称和工作负责人姓名，确认无误后，拆除安全措施，恢复送电。（送电操作应填用"变电站倒闸操作票"，并按操作票所列程序进行操作）。 ②运检分设，线路运行部门现场工作许可人在接到所有工作负责人（包括用户）的完工报告后，与记录簿核对工作班组名称和工作负责人姓名，确认无误后，检查确认全部工作结束，全部工作人员已撤离线路，下令拆除接地线等现场安全措施，全部安全措施拆除后，核对清点接地线、标示牌数目，确认无误后，合上线路各端断开的开关、刀闸或丝具，恢复线路供电。（以上操作按规定须用操作票时，应填用"电力线路倒闸操作票"，并按操作票所列程序进行操作）。 ③运检合一，本班组现场工作许可人在接到本班组工作负责人已完工和可拆除安全措施、恢复线路供电的报告后，与记录簿核对工作班组名称	《电力安全工作规程》 2.7

序号	内 容	标　　准	参照依据
13	工作终结与恢复送电	和工作负责人姓名，检查确认全部工作已结束、全部工作人员已撤离线路、线路上无遗留物后，组织拆除接地线等安全措施，全部安全措施拆除完毕后，核对清点接地线、标示牌数目，确认无误后，合上线路各端断开的开关、刀闸或丝具，恢复线路供电（以上操作按规定须用操作票时，应填用"电力线路倒闸操作票"，并按操作票所列程序进行操作）。 （3）低压线路停电工作结束、恢复送电可参照以上程序进行。	《电力安全工作规程》2.7
14	召开班后会	工作结束后，工作负责人组织全体施工人员召开班后会，总结工作经验和存在的问题，制定改进措施。	
15	资料归档	施工单位技术人员将变动后的设备情况以书面形式移交给运行单位存档。	

十四、10kV 及以下线路施工放紧线

（一）10kV 及以下线路施工放紧线标准作业流程图

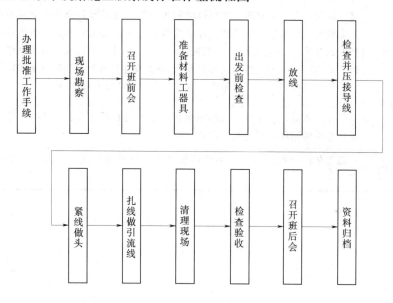

（二）10kV 及以下线路施工放紧线标准作业流程

序号	内 容	标 准	参照依据
1	办理批准工作手续	施工班组根据线路电压等级向主管部门提出工作申请，经批准方可进行工作（主管部门应以书面形式批准工作）。	
2	现场勘察	（1）进行较为复杂的电力线路施工作业或相关人员（生产、安全管理人员或工作票签发人和工作负责人）认为有必要进行现场勘察的施工作业，由现场工作负责人组织相关人员（施工技术、安监人员）进行现场勘察，并做好勘察记录。确定现场作业危险点及控制措施，制定现场施工方案。 （2）现场勘察的内容： ①落实施工作业需要停电的范围（停电设备名称及所属单位）保留带电设备及带电部位。 ②落实施工作业涉及的交叉跨越（电力线路、弱电线路、铁路、公路、建筑物、种植物等）。 ③落实所需材料、设备的规格、型号和数量。 ④查看施工现场条件和环境（施工运输道路、种植物损毁赔付等）。 （3）根据现场勘察结果，对施工危险性、复杂性和困难程度较大的施工作业项目，应编制组织措施、技术措施和安全措施，经本单位主管安全生产领导批准后执行。	《电力安全工作规程》2.2

序号	内容	标 准	参照依据
3	召开班前会	施工作业开始前，由现场工作负责人召开全体施工人员会议，进行技术交底和安全交底，分配工作任务。 （1）技术交底：工作负责人向全体施工人员交代施工方案、施工工艺、质量要求、作业注意等事项。 （2）安全交底：工作负责人向全体施工人员交代施工作业危险点及控制措施，该项工作主要的危险点及控制措施是： ①防触电伤害。A. 严防导线触及带电线路。控制措施：a. 带电线路应配合停电；b. 确不能停电时搭跨越架；c. 导线从带电线路下方通过时，严防导线上弹。B. 严防误登、误操作。控制措施：登杆前核对线路双重名称及杆号，确认无误后方可登杆，设专人监护以防误登、误操作。C. 导线跨越或穿越带电线路、跨越架或临近带电线路时应设专人监护。D. 严防返送电源和感应电。控制措施：拉开有可能返送电的线路开关或丝具，并挂接地线，在有可能产生感应电的地段加挂接地线或使用个人保安线。 ②防高空坠落。控制措施：A. 作业人员登杆前，检查登杆工具是否安全可靠，确认无误后方可登杆；B. 作业人员登杆时做到："脚踩稳、手扒牢、一步一步慢登高，到达位置第一要，安全皮带系牢靠"；C. 安全带应系在牢固可靠的构件上，工作位置转换后，应及时系好安全带；	《电力安全工作规程》2.3

序号	内 容	标　　　准	参照依据
3	召开班前会	D. 放紧线过程中，杆上人员一定要选好工作位置，防止跑线伤人或造成人员高空坠落。 ③防电杆倾倒伤人。控制措施：作业人员登杆前，观测估算电杆埋深及裂纹情况，确认稳固后方可登杆作业，必要时打临时拉线。 ④防高空坠物伤人。控制措施：A. 地勤人员尽量避免停留在杆下；B. 地勤人员戴好安全帽；C. 工具材料用绳索传递，尽量避免高空坠物；D. 操作跌落丝具时，操作人员应选好操作位置，防止丝具管跌落伤人。 ⑤防滑轮卡线拉倒电杆。控制措施：导线临时接头要光滑，放线时杆上禁止有人作业，并派人负责看护导线过滑轮。 ⑥防紧线器、牵引工具发生意外。控制措施：杆上杆下人员，选好安全位置，工器具使用前做好详细认真检查。 ⑦防车辆挂线伤人或导线挂伤行人。控制措施：在线路经过铁路、公路、村镇时，设专人警戒看护。并疏导交通，防止行人，车辆靠近施工现场。 （3）交代工作任务，进行人员分工，明确专责监护人的监护范围和被监护人及其安全责任等。如分组工作时，每一小组应指定工作负责人（监护人），并使用工作任务单。	《电力安全工作规程》2.3

序号	内 容	标　　准	参照依据
4	准备材料工器具	（1）材料：准备导线、扎线、铝包带、金具、铁丝、压接管、凡士林油等，要求规格型号正确、质量合格、数量满足需要。 （2）工器具：准备下列工器具，要求质量合格、安全可靠、数量满足需要。 ①登高工具：脚扣或踩板、安全帽、安全带等。 ②防护用具：个人保安线、防护服、绝缘鞋、手套等。 ③个人五小工具：电工钳、扳手、螺丝刀、小榔头、小绳等。 ④起重牵引工具：手板葫芦、紧线器（钳）、三角钳头、钢丝绳及钢丝绳套、工具U形环、放线滑轮、绳索等。 ⑤其他工具：临时地锚或钢锚钎、断线钳、大榔头、铁锹、铁镐、铁铲或木杠、放线轴、放线架、压接工具、标杆等。	
5	出发前检查	出发前由工作负责人检查： （1）检查人数、人员精神状态及身体状况。 （2）检查所带材料是否规格型号正确、质量合格、数量满足需要。 （3）检查所带工器具是否质量合格、安全可靠、数量满足需要。 （4）检查交通工具是否良好，行车证照是否齐全。	

序号	内容	标　　准	参照依据
6	放线	（1）登杆前检查（三确认）： ①作业人员核对线路名称及杆号，确认无误后方可登杆。 ②作业人员观测估算电杆埋深及裂纹情况，确认稳固后方可登杆。 ③作业人员检查登高工具是否安全可靠，确认无误后方可登杆。 （2）登杆作业： ①地勤人员选择平坦地形支好线盘，线盘一般应支在耐张杆附近，分配专人看护线盘，其职责是：打开线盘、拆除线盘上铁钉等异物以免挂伤导线；采取制动措施以防线盘飞车；防止线盘倾倒伤人；注意观察导线接头和损伤情况，并做好记录；应与领线人保持通信畅通，如遇异常则立即叫停，以免导线打金钩等意外发生。 ②放线作业必须统一指挥、统一信号，作业人员应做到分工明确，配合默契。 ③放线由一人统一指挥，一人引领线头，多人沿线分布负责挂线、传递信号、排除障碍。放线领头人带领若干人员开始放线，每根导线应始终沿线路一侧进行，以免绞线。放线应保持匀速前进，不得猛拉快跑。 ④放线经过的电杆上应挂放线滑轮，导线放入滑轮后应可靠封口，以免导线脱落。导线上吊及放入滑轮时必须叫停放线，以免发生意外，待挂线人下杆后方可继续放线，以免滑轮卡线而拉倒电杆。	《电力安全工作规程》6.6

序号	内 容	标　　　准	参照依据
6	放线	⑤放线经过村镇街道、公路、铁路和跨越架时，应设专人看护，以防车辆挂线伤人或导线挂伤行人，防止车辆轧伤导线，防止发生其他意外。 ⑥放线跨越或穿越带电线路时，带电线路必须可靠停电，确不能停电时，应搭设牢固可靠的跨越架或穿越架，做到万无一失。放线时，还应采取防止磨伤或压断下方线路导线的措施。 ⑦无线盘放线时，应设法使线团旋转，切不可提圈放线，否则将出现背股、金勾而损伤导线。 ⑧第一根导线放到头并适当抽紧余线后，通知看线盘人员留足长度后剪断导线，第二根导线开始放线。	《电力安全工作规程》6.6
7	检查并压接导线	第一根导线放到头并适当抽紧余线后，接线人员根据看线盘人员提供的线头位置寻找接头，并按规范实施压接或补修，其余两根如法操作。在寻找断头的同时，沿线检查导线有无其它损伤或挂卡现象。	《架空线路设计规程》3.09
8	紧线做头	（1）紧线前必须做好下列准备： ①调整耐张杆拉线，使耐张杆杆梢向拉线侧适度预偏。 ②调整紧固耐张杆横担，使横担垂直线路或在线路夹角的二等分线上。 ③耐张杆无论有无顺线拉线，紧线前在耐张段两端耐张杆上均应用钢丝绳打上临时拉线，必要时，横担两端亦应打上临时拉线。	《电力安全工作规程》6.6

序号	内容	标　　　准	参照依据
8	紧线做头	④调整紧固直线杆横担，使横担垂直线路。 ⑤埋设好紧线用临时地锚，检查摆放好紧线工具。 （2）观测弧垂：导线弧垂可根据档距、导线型号和当天气温计算得知，亦可根据规律档距查表得知。施工安装时的弧垂还应考虑导线的初伸长，一般采用缩小弧垂的百分数来弥补（铝芯线20%，钢芯线12%）。观测弧垂一般采用平行四边形法观测，即：在观测档两端电杆上按已知的弧垂尺寸绑上横标杆，观测人登杆平视两标杆，当导线弧垂最低点落在两标杆的水平视平线上时，即刻叫停紧线，此时的导线弧垂即为理想弧垂。观测档一般选在耐张段中间或偏后的位置，并尽量选用大档距进行观测。三相导线的弧垂应力求一致，在允许误差范围内，一般中相不得低于边相。观测弧垂人应与紧线人员保持通信畅通，以便信号传递。 （3）在耐张段一端耐张杆上做头挂线，在另一端耐张杆上紧线，紧线时，应在线路全线设人看护，监视导线有无挂卡或后段未升起现象。 ①当导线型号较小时，宜用紧线器在杆上紧线，作业人员在杆上挂好紧线器和滑轮，将牵引绳通过滑轮与三角钳头连接，三角钳头卡在导线上。地勤人员拉动牵引绳抽紧余线，杆上人员用紧线器配合牵引绳收紧导线至理想弛度，给导线缠上铝包带，将导线固定在耐张线夹内，紧固卡线螺丝，检查无误后，地勤人员拉紧牵引绳，使紧线器处于松弛状态，	《电力安全工作规程》6.6

序号	内　容	标　　　准	参照依据
8	紧线 做头	松开紧线器和牵引绳，使导线恢复自然状态，做好引流线，检查无误后，杆上人员拆除工器具，下杆结束工作。 　　②当导线型号较大时，宜在地面用牵引器械紧线，作业人员在杆上挂好滑轮，将牵引绳通过滑轮与三角钳头连接，三角钳头卡在导线上。地勤人员拉动牵引绳抽紧余线后，杆上人员将另一三角钳头卡在导线适当（既不影响做头，更不能卡得太远而造成取钳困难）位置，将钢丝绳通过杆上另一滑轮与三角钳头连接，钢丝绳下端与牵引器械连接，牵引器械固定在临时地锚上，利用牵引器械将导线收紧至理想弛度后，杆上人员给导线缠上铝包带，将导线放入耐张线夹，紧固卡线螺丝，检查无误后，地勤人员拉紧牵引绳使钢丝绳处于松弛状态。杆上人员取下三角钳头，地勤人员放松牵引绳，杆上人员取下另一三角钳头，使导线恢复自然状态，做好引流线，检查无误后，杆上人员拆除工器具，下杆结束作业。大型号导线亦可在紧好导线后，在杆上给导线上比划作记号，落下导线在地面卡线，然后再升线挂线。紧线时，一般应同时先紧两边相，后紧中相，也可采用组合滑轮三相同时紧线。	《电力安全 工作规程》 6.6
9	扎线做引 流线	（1）扎线：耐张杆上卡好线后，即可解除紧线外力，再次观测弧垂，如误差在允许范围内（否则需重新调整）时，所有直线杆即可扎线。	

序号	内 容	标　　准	参照依据
9	扎线做引流线	（2）做引流线：耐张杆上卡好线并检查无误后，即可搭接引流线，引流线应使用两个并勾线夹搭接，两线夹间距离应适中美观，引流线应呈自然悬链状。	
10	清理现场	放紧线工作结束后，即可拆除临时拉线，清理搬运剩余材料，拆除跨越架，恢复其他线路送电。	
11	检查验收	（1）施工作业结束后，工作负责人依据施工验收规范对施工工艺、质量进行自查验收，合格后，命令作业人员撤离现场。 （2）通知运行单位进行验收。	《施工验收规范》
12	召开班后会	工作结束后，工作负责人组织全体施工人员召开班后会，总结工作经验和存在的问题，制定改进措施，清理剩余材料、办理退库手续，整理保养工器具。	
13	资料归档	整理完善施工记录资料，移交运行部门归档妥善保管。	

十五、更换 10kV 及以下线路导线

（一）更换 10kV 及以下线路导线标准作业流程图

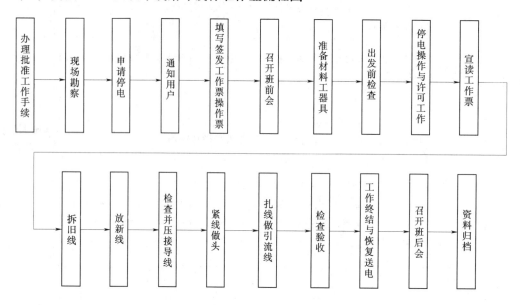

（二）更换 10kV 及以下线路导线标准作业流程

序号	内容	标　　　准	参照依据
1	办理批准工作手续	施工班组根据线路电压等级向主管部门提出工作申请，经批准方可进行工作（主管部门应以书面形式批准工作）。	
2	现场勘察	（1）进行较为复杂的电力线路施工作业或相关人员（生产、安全管理人员或工作票签发人和工作负责人）认为有必要进行现场勘察的施工作业，由现场工作负责人组织相关人员（施工技术、安监人员）进行现场勘察，并做好勘察记录。确定现场作业危险点及控制措施，制定现场施工方案。 　（2）现场勘察的内容： 　①落实施工作业需要停电的范围（停电设备名称及所属单位）、保留带电设备及带电部位。 　②落实施工作业涉及的交叉跨越（电力线路、弱电线路、铁路、公路、建筑物、种植物等）。 　③落实所需材料、设备的规格、型号和数量。 　④查看施工现场条件和环境（施工运输道路、种植物损毁赔付等）。 　（3）根据现场勘察结果，对施工危险性、复杂性和困难程度较大的施工作业项目，应编制组织措施、技术措施和安全措施，经本单位主管安全生产领导批准后执行。	《电力安全工作规程》 2.2

序号	内容	标　　准	参照依据
3	申请停电	施工日期确定后，应提前一天送达书面停电申请。 （1）馈路停电：由线路运行部门办理停电申请手续，经生产主管或调度部门审批签字后，送达调度或变电站值班员。 （2）线路部分停电或支线停电：由线路运行部门或施工班组向线路运行管理部门申请停电并办理停电申请手续，经生产主管部门审批签字后，由批准申请部门和申请部门各保留一份。 （3）如停电作业需其他单位（包括用户）线路配合停电时，应由施工单位事先联系，送达书面停电申请，取得配合停电单位的同意，并要求配合停电单位做好停电、接地等安全措施。	
4	通知用户	停电日期确定后，由生产调度部门或用户管理部门提前 7 天（计划停电时）将具体停电时间电话或书面通知用户，并将通知人及用户接受通知人的姓名、通知时间等记入记录，以备查询。	"供电服务十项承诺"

序号	内 容	标　　　准	参照依据
5	填写签发工作票操作票	（1）工作票的填写与签发：由工作负责人根据工作性质提前一天（临时停电工作除外）填写"电力线路第一种工作票"（更换低压导线时，应填写"低压第一种工作票"），经工作票签发人审核签字、工作负责人认可并签字后，一份留存工作票签发人或工作许可人处，另一份应提前交给工作负责人。 　　（2）操作票的填写与审核：由倒闸操作人根据发令人（值班调度员、变电站值班人员或设备运行部门人员）的操作指令，填写或打印倒闸操作票，操作人和监护人应根据模拟图或接线图核对所填写的操作项目和程序是否正确，确认无误后分别签名（事故应急处理和拉合开关或丝具的单一操作可以不使用操作票）。	《电力安全工作规程》2.3 4.2 《农村低压电气安全工作规程》5.1.1
6	召开班前会	施工作业开始前，由现场工作负责人召开全体施工人员会议，进行技术交底和安全交底，分配工作任务。 　　（1）技术交底：工作负责人向全体施工人员交代施工方案、施工工艺、质量要求、作业注意等事项。 　　（2）安全交底：工作负责人向全体施工人员交代施工作业危险点及控制措施，该项工作主要的危险点及控制措施是： 　　①防触电伤害。A. 严防导线触及带电线路。控制措施：a. 带电线路应	《电力安全工作规程》2.3 6.2

序号	内 容	标　　　准	参照依据
6	召开班前会	配合停电；b. 确不能停电时搭跨越架；c. 导线从带电线路下方通过时，严防导线上弹。B. 严防误登、误操作。控制措施：登杆前核对线路双重名称及杆号，确认无误后方可登杆，设专人监护以防误登、误操作。C. 导线跨越或穿越带电线路、跨越架或临近带电线路时应设专人监护。D. 严防返送电源和感应电。控制措施：拉开有可能返送电的线路开关或丝具，并挂接地线，在有可能产生感应电的地段加挂接地线或使用个人保安线。 ②防高空坠落。控制措施：A. 作业人员登杆前，检查登杆工具是否安全可靠，确认无误后方可登杆；B. 作业人员登杆时做到："脚踩稳、手扒牢、一步一步慢登高，到达位置第一要，安全皮带系牢靠"；C. 安全带应系在牢固可靠的构件上，工作位置转换后，应及时系好安全带；D. 放紧线过程中，杆上人员一定要选好工作位置，防止跑线伤人或造成人员高空坠落。 ③防高空坠物伤人。控制措施：A. 地勤人员尽量避免停留在杆下；B. 地勤人员戴好安全帽；C. 工具材料用绳索传递，尽量避免高空坠物；D. 操作跌落丝具时，操作人员应选好操作位置，防止丝具管跌落伤人。 ④防电杆倾倒伤人。控制措施：作业人员登杆前，观测估算电杆埋深及裂纹情况，确认稳固后方可登杆作业，必要时打临时拉线。	《电力安全工作规程》 2.3 6.2

序号	内容	标　　准	参照依据
6	召开班前会	⑤防滑轮卡线拉倒电杆。控制措施：导线临时接头要光滑，放线时杆上禁止有人作业，并派人负责看护导线过滑轮。 ⑥防紧线器、牵引工具发生意外。控制措施：杆上杆下人员，选好安全位置，工器具使用前做好详细认真检查。 ⑦防车辆挂线伤人或导线挂伤行人。控制措施：在线路经过铁路、公路、村镇时，设专人警戒或看护，并疏导交通，防止行人、车辆靠近施工现场。 （3）交代工作任务，进行人员分工，明确专责监护人的监护范围和被监护人及其安全责任等。如分组工作时，每个小组应指定工作负责人（监护人），并使用工作任务单。	《电力安全工作规程》2.3 6.2
7	准备材料工器具	（1）材料：准备导线、扎线、铝包带、铁丝、压接管及压接辅材、凡士林油等，要求规格型号正确、质量合格、数量满足需要。 （2）工器具：准备下列工器具，要求质量合格、安全可靠、数量满足需要。 ①停电操作工具：绝缘杆、验电器、高压发生器、接地线、绝缘手套、绝缘靴子、标示牌等。 ②登高工具：脚扣或踩板、安全帽、安全带等。	

序号	内 容	标　准	参照依据
7	准备材料工器具	③防护用具：个人保安线、防护服、绝缘鞋、手套等。 ④个人五小工具：电工钳、扳手、螺丝刀、小榔头、小绳等。 ⑤牵引工具：手搬葫芦或双钩紧线器、紧线器（钳）及三角钳头、钢丝绳及钢丝绳套、工具U形环、放线滑轮、牵引绳索等。 ⑥其它工具：临时地锚或锚钎、大榔头、铁锹、铁镐、铁铲、放线轴及支架、压接钳、断线钳、标杆等。	
8	出发前检查	出发前由工作负责人检查： （1）检查人数、人员精神状态及身体状况。 （2）检查所带材料是否规格型号正确、质量合格、数量满足需要。 （3）检查所带工器具是否质量合格、安全可靠、数量满足需要。 （4）检查交通工具是否良好，行车证照是否齐全。	
9	停电操作与许可工作	（1）馈路停电： 1）由变电站值班员根据调度命令或停电申请内容进行馈路停电操作，（此操作必须填用"变电站倒闸操作票"，并按操作票所列程序进行操作）并做好接地等安全措施。 2）线路运行部门或施工班组停复电联系人（现场工作许可人）接到调	《电力安全工作规程》 2.4　3.2 3.3　3.4 4.2

序号	内 容	标　　准	参照依据
9	停电操作与许可工作	度或变电站许可（第一次许可）工作的命令后，负责组织现场停电操作并做好安全措施，操作前负责核对线路双重名称及杆号，确认无误后，方可进行停电操作。以下操作按规定须用操作票时，应填用"电力线路倒闸操作票"，并按操作票所列程序进行操作。 ①断开需要现场操作的线路各端（含分支线）开关、刀闸或丝具。 ②断开危及线路停电作业，且不能采取相应措施的交叉跨越、平行或接近和同杆（塔）架设线路（包括外单位和用户线路）的开关、刀闸或丝具。 ③断开有可能返回低压电源和其他延伸至施工现场的低压线路电源开关。 ④在上述线路各端已断开的开关或刀闸的操作机构上应加锁；三相丝具的熔丝管应取下；并在上述开关、刀闸或丝具的操作机构醒目位置悬挂"线路有人工作，禁止合闸！"的标示牌。 ⑤在线路各端（包括无断开点且有可能返送电的支线上）应逐一验电、挂接地线，在有可能产生感应电的地段加挂接地线。 上述停电、验电、挂接地线等安全措施完成后，现场工作许可人方可向工作负责人下达许可（第二次许可）工作的命令。	《电力安全工作规程》 2.4　3.2 3.3　3.4 4.2

序号	内　容	标　　　准	参照依据
9	停电操作与许可工作	（2）线路部分停电或支线停电： 由线路运行部门或施工班组停复电联系人（现场工作许可人）负责组织现场停电操作并做好安全措施，操作前负责核对线路名称及杆号，确认无误后，方可进行停电操作。以下操作按规定须用操作票时，应填用"电力线路倒闸操作票"，并按操作票所列程序进行操作。 ①先断开电源侧开关、刀闸或丝具，再断开需要现场操作的线路各端（含分支线）开关、刀闸或丝具。 ②断开危及线路停电作业，且不能采取相应措施的交叉跨越、平行或接近和同杆（塔）架设线路（包括外单位和用户线路）的开关、刀闸或丝具。 ③断开有可能返回低压电源和其他延伸至施工现场的低压线路电源开关。 ④在上述线路各端已断开的开关或刀闸的操作机构上应加锁；三相丝具的熔丝管应取下；并在上述开关、刀闸或丝具的操作机构醒目位置悬挂"线路有人工作，禁止合闸！"的标示牌。 ⑤在线路各端（包括无断开点且有可能返送电的支线上）应逐一验电、挂接地线，在有可能产生感应电的地段加挂接地线。	《电力安全工作规程》 2.4　3.2 3.3　3.4 4.2

序号	内 容	标 准	参照依据
9	停电操作与许可工作	上述停电、验电、挂接地线等安全措施完成后，现场工作许可人方可向工作负责人下达许可工作的命令。 　　(3) 低压线路停电： 　　由线路运行部门人员或工作班组人员担任现场工作许可人，现场工作许可人负责核对并确认变压器台区名称和停电线路名称，组织停电操作并布置现场安全措施。 　　①拉开台区变压器低压总开关或分路开关，摘下熔丝管，在开关线路侧验电、挂接地线，在开关把手醒目位置悬挂"线路有人工作，禁止合闸！"的标示牌。如开关在室（箱）内，则配电室（箱）应加锁。以上安全措施完成后，工作许可人向工作负责人下达许可工作的命令。 　　②工作负责人接到工作许可人许可工作的命令后，下令开始工作。 　　(4) 工作许可人在向工作负责人发出许可工作的命令前，应将工作班组名称、数目、工作负责人姓名、工作地点和工作任务等记入记录簿内。 　　(5) 许可开始工作的命令，应由工作许可人亲自下达给工作负责人。电话下达时，工作许可人及工作负责人应记录清楚明确，并复诵核对无误；当面下达时，工作许可人和工作负责人都应在工作票上记录许可时间，并签名（如现场工作许可人不直接参与监护或操作，而由他人监护和操作时，现场工作许可人必须在现场亲自目睹操作全过程，并确认操作	《电力安全工作规程》 2.4　3.2 3.3　3.4 4.2

序号	内容	标　　　准	参照依据
9	停电操作与许可工作	结果）。 （6）填用第一种工作票进行工作，工作负责人应在得到全部工作许可人的许可后，方可开始工作。所谓全部工作许可人，是指直接向工作负责人下达许可工作命令的所有工作许可人。 　1）馈路停电时，工作许可人包括： ①调度或变电站值班员（工作负责人直接担任停复电联系人）或中间停复电联系人（经中间停复电联系人向工作负责人下达许可工作的命令）。 ②若干个现场工作许可人（实施现场各方停电操作人或操作负责人）。 ③外单位或用户工作许可人（外单位或用户线路配合停电的联系人）。 　2）线路部分停电或支线停电时，工作许可人包括： ①若干个现场工作许可人（实施现场各方停电操作人或操作负责人）。 ②外单位或用户工作许可人（外单位或用户线路配合停电的联系人）。	《电力安全工作规程》 2.4　3.2 3.3　3.4 4.2
10	宣读工作票	工作负责人在得到全部工作许可人许可工作的命令后： （1）认真核对线路双重名称及杆号，并确认无误。 （2）列队宣读工作票： ①交代工作任务，明确工作内容及工艺质量要求。	《电力安全工作规程》 2.3 2.5

序号	内 容	标　　　准	参照依据
10	宣读工作票	②交代安全措施，明确停电范围及保留带电设备及带电部位，告知危险点及现场采取的安全措施，补充其他安全注意事项。 ③明确人员分工及安全责任，根据工作性质和危险程度，如设专人监护时，应明确专责监护人的监护范围和被监护人及其安全责任；如分组作业时，应明确指定小组工作负责人（监护人），并使用工作任务单。 ④现场提问1~2名作业人员，确认所有作业人员都清楚安全措施、明白工作内容后，所有作业人员在工作票上签名。 ⑤工作负责人下令开始工作。	《电力安全工作规程》2.3　2.5
11	拆旧线	(1) 登杆前检查（三确认）： ①作业人员核对线路名称及杆号，确认无误后方可登杆。 ②作业人员观测估算电杆埋深及裂纹情况，确认稳固后方可登杆。 ③作业人员检查登高工具是否安全可靠，确认无误后方可登杆。 (2) 登杆作业： 1) 作业人员登杆，先解开耐张段内所有直线杆上扎线，如线路下方有线路、公路、铁路、建筑物、树木等时，将导线放在滑轮内或横担上，如下方无障碍物时，也可将导线直接落至地面。如需调整或更换横担、绝缘子时，调整更换后立即下杆。	《电力安全工作规程》6.2

序号	内容	标　　准	参照依据
11	拆旧线	2）作业人员再登耐张杆： ①在耐张段两端耐张杆上用钢丝绳打上临时拉线，必要时，横担两端亦应打上临时拉线； ②在耐张段一端耐张杆上挂好紧线器和滑轮，将三角钳头卡在导线上，将牵引绳通过滑轮与三角钳头连接，另一端掌握在地勤人员手中； ③用紧线器收紧导线，使耐张绝缘子串处于松弛状态； ④拆开引流线，松开耐张线夹卡线螺丝取出导线，地勤人员拉紧牵引绳，使紧线器处于松弛状态，杆上人员松开紧线器，地勤人员松开牵引绳使导线徐徐落地，切不可突然剪断导线。耐张段另一端耐张杆待导线松弛后，杆上人员拆开引流线，直接松开耐张线夹卡线螺丝，取出导线即可。	《电力安全工作规程》6.2
12	放新线	（1）地勤人员选择平坦地形支好线盘，线盘一般应支在耐张杆附近，分配专人看护线盘，其职责是：打开线盘、拆除线盘上铁钉等异物以免挂伤导线；采取制动措施以防线盘飞车；防止线盘倾倒伤人；注意观察导线接头和损伤情况，并做好记录；应与领线人保持通信畅通，如遇异常则立即叫停，以免导线打金钩等意外发生。	《电力线路安全规程》6.6

序号	内容	标　　　　　准	参照依据
12	放新线	（2）放线作业必须统一指挥、统一信号，作业人员应做到分工明确，配合默契。 （3）放线：放线由一人统一指挥，一人引领线头，多人沿线分布负责挂线、传递信号、排除障碍。为减少人员登杆挂线次数，可用旧线引导新线，当旧线收完时，新线亦放到头（注意：用此方法时，旧线必须放在滑轮内，且新旧线接头要光滑，以免滑轮卡线）。 （4）放线领头人带领若干人员开始放线，每根导线应始终沿线路一侧进行，以免绞线。放线应保持匀速前进，不得猛拉快跑。 （5）放线经过的电杆上应挂放线滑轮，导线放入滑轮后应可靠封口，以免导线脱落。导线上吊及放入滑轮时必须叫停放线，以免发生意外，待挂线人下杆后方可继续放线，以免滑轮卡线而拉倒电杆。 （6）放线经过村镇街道、公路、铁路和跨越架时，应设专人看护，以防车辆挂线伤人或导线挂伤行人，防止车辆轧伤导线，防止发生其他意外。 （7）放线跨越或穿越带电线路时，带电线路必须可靠停电，确不能停电时，应搭设牢固可靠的跨越架或穿越架，做到万无一失。放线时，还应采取防止磨伤或压断下方线路导线的措施。 （8）无线盘放线时，应设法使线团旋转，切不可提圈放线，否则将出现背股、金勾而损伤导线。	《电力线路安全规程》 6.6

序号	内容	标　　准	参照依据
12	放新线	（9）第一根导线放到头并适当抽紧余线后，通知看线盘人员留足长度后剪断导线，第二根导线开始放线。	《电力线路安全规程》6.6
13	检查并压接导线	第一根导线放到头并适当抽紧余线后，接线人员根据看线盘人员提供的线头位置寻找接头，并按规范实施压接或补修，其余两根如法操作。在寻找导线断头的同时，沿线检查导线有无其它损伤或挂卡现象。	
14	紧线做头	（1）紧线前必须做好下列准备： ①调整或更换耐张杆拉线，使耐张杆杆梢向拉线侧适度预偏，新换导线的型号或截面大于原导线时，拉线亦应换为相应较大型号（截面）的钢绞线，必要时，地锚及拉杆亦应更换，重新埋设。 ②调整紧固耐张杆横担，使横担垂直线路或在线路夹角的二等分线上。 ③调整紧固直线杆横担，使横担垂直线路。 ④埋设好紧线用临时地锚，检查摆放好紧线工具。 （2）观测弧垂：导线弧垂可根据档距、导线型号和当天气温计算得知，亦可根据规律档距查表得知。施工安装时的弧垂还应考虑导线的初伸长，一般采用缩小弧垂的百分数来弥补（铝芯线 20%，钢芯线 12%）。观测弧垂一般采用平行四边形法观测，即：在观测档两端电杆上按已知的弧垂	

序号	内 容	标 准	参照依据
14	紧线做头	尺寸绑上横标杆，观测人登杆平视两标杆，当导线弧垂最低点落在两标杆的水平视平线上时，即刻叫停紧线，此时的导线弧垂即为理想弧垂。观测档一般选在耐张段中间或偏后的位置，并尽量选用大档距进行观测。三相导线的弧垂应力求一致，在允许误差范围内，一般中相不得低于边相。观测弧垂人应与紧线人员保持通信畅通，以便信号传递。 （3）在耐张段一端耐张杆上做头挂线，在另一端耐张杆上紧线，紧线时应在线路全线设人看护，监视导线有无挂卡或后段未升起现象。 ①当导线型号较小时，宜用紧线器在杆上紧线。作业人员在杆上挂好紧线器和滑轮，将牵引绳通过滑轮与三角钳头连接，三角钳头卡在导线上。地勤人员拉动牵引绳抽紧余线，杆上人员用紧线器配合牵引绳收紧导线至理想弛度，给导线缠上铝包带，将导线固定在耐张线夹内，紧固卡线螺丝，检查无误后，地勤人员拉紧牵引绳，使紧线器处于松弛状态，松开紧线器和牵引绳，使导线恢复自然状态，做好引流线，检查无误后，杆上人员拆除工器具，下杆结束工作。 ②当导线型号较大时，宜在地面用牵引器械紧线。作业人员在杆上挂好滑轮，将牵引绳通过滑轮与三角钳头连接，三角钳头卡在导线上。地勤人员拉动牵引绳抽紧余线后，杆上人员将三角钳头卡在导线适当（既不影响做头，更不能卡得太远而造成取钳困难）位置，将钢丝绳通过杆上	

序号	内 容	标　　准	参照依据
14	紧线做头	另一滑轮与三角钳头连接，钢丝绳下端与牵引器械连接，牵引器械固定在临时地锚上，利用牵引器械将导线收紧至理想弛度后，杆上人员给导线缠上铝包带，将导线放入耐张线夹，紧固卡线螺丝，检查无误后，地勤人员拉紧牵引绳使钢丝绳处于松弛状态，杆上人员取下三角钳头，地勤人员放松牵引绳，杆上人员取下另一三角钳头，使导线恢复自然状态，做好引流线，检查无误后，杆上人员拆除工器具，下杆结束工作。大型号导线亦可在紧好导线后，在杆上给导线比划作记号，落下导线在地面卡线，然后再升线挂线。紧线时，一般应同时先紧两边相，后紧中相，也可采用组合滑轮三相同时紧线。	
15	扎线做引流线	（1）扎线：耐张杆上卡好线后，即可解除紧线外力，再次观测弧垂，如误差在允许范围内（否则需重新调整）时，所有直线杆即可扎线。 （2）做引流线：耐张杆上卡好线并检查无误后，即可搭接引流线，引流线应使用两个并勾线夹搭接，两线夹间距离应适中美观，引流线应呈自然悬链状。	
16	检查验收	（1）施工作业结束后，工作负责人依据施工验收规范对施工工艺、质量进行自查验收，合格后，命令作业人员撤离现场。 （2）通知运行单位进行验收。	《施工验收规范》

序号	内容	标准	参照依据
17	工作终结与恢复送电	（1）停电作业结束后，工作负责人应履行下列职责： 1）工作负责人认为工作已结束，并在得到所有小组负责人工作结束的汇报后，应检查线路施工地段的状况，确认在杆塔上、导线上、绝缘子串上及其他辅助设备上没有遗留的个人保安线、工具、材料等，检查清点并确认全部作业人员已由杆塔上撤离，将全部作业人员集中一处，宣布："××线路已视同带电，禁止任何人再登杆作业"，如个别作业人员不能集中时，工作负责人必须设法通知到本人。 2）工作负责人分别向全部工作许可人汇报： ①对调度或变电站值班员（工作许可人）、或运检分设，对线路运行部门现场工作许可人的汇报："工作负责人×××向你汇报，××单位××班组在×处（说明起止杆号、分支线路名称等）停电工作已全部结束，本班组作业人员已全部撤离现场，经检查确认线路上无遗留物，××线路可以恢复送电"。 ②运检合一，对本班组现场工作许可人的汇报："××班组在××线路上×处（说明起止杆号、分支线路名称等）停电工作已全部结束，作业人员已全部撤离线路，经检查确认线路上无遗留物，可拆除接地线等安全措施，恢复线路供电"。	《电力安全工作规程》2.7

序号	内容	标　　　准	参照依据
17	工作终结与恢复送电	③对外单位或用户配合停电工作许可人的汇报："工作负责人×××向你汇报，××单位××班组停电工作已全部结束，你单位配合停电的线路可恢复送电"。 （2）停电工作结束后，各方工作许可人应履行下列职责： ①调度或变电站值班员（工作许可人）在接到所有工作负责人（包括用户）的完工报告后，与记录簿核对工作班组名称和工作负责人姓名，确认无误后，拆除安全措施，恢复送电。（送电操作应填用"变电站倒闸操作票"，并按操作票所列程序进行操作）。 ②运检分设，线路运行部门现场工作许可人在接到所有工作负责人（包括用户）的完工报告后，与记录簿核对工作班组名称和工作负责人姓名，确认无误后，检查确认全部工作结束，全部工作人员已撤离线路，下令拆除接地线等现场安全措施，全部安全措施拆除后，核对清点接地线、标示牌数目，确认无误后，合上线路各端断开的开关、刀闸或丝具，恢复线路供电（以上操作按规定须用操作票时，应填用"电力线路倒闸操作票"，并按操作票所列程序进行操作）。 ③运检合一，本班组现场工作许可人在接到本班组工作负责人已完工和可拆除安全措施、恢复线路供电的报告后，与记录簿核对工作班组名称和工作负责人姓名，检查确认全部工作已结束、全部工作人员已撤离线	《电力安全工作规程》2.7

序号	内 容	标 准	参照依据
17	工作终结与恢复送电	路、线路上无遗留物后，组织拆除接地线等安全措施，全部安全措施拆除完毕后，核对清点接地线、标示牌数目，确认无误后，合上线路各端断开的开关、刀闸或丝具，恢复线路供电（以上操作按规定须用操作票时，应填用"电力线路倒闸操作票"，并按操作票所列程序进行操作）。 （3）低压线路停电工作结束、恢复送电可参照以上程序进行。	《电力安全工作规程》2.7
18	召开班后会	工作结束后，工作负责人组织全体施工人员召开班后会，总结工作经验和存在的问题，制定改进措施。	
19	资料归档	施工单位技术人员将变动后的设备情况以书面形式移交给运行单位存档。	

十六、10kV 及以下线路导线修复或压接

(一) 10kV 及以下线路导线修复或压接标准作业流程图

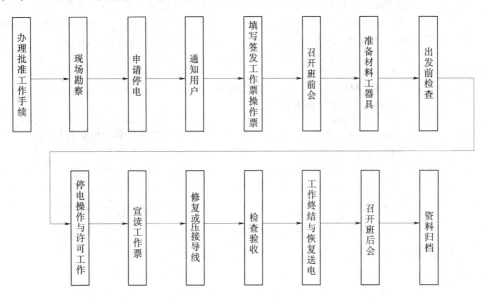

办理批准工作手续 → 现场勘察 → 申请停电 → 通知用户 → 填写签发工作票操作票 → 召开班前会 → 准备材料工器具 → 出发前检查

停电操作与许可工作 → 宣读工作票 → 修复或压接导线 → 检查验收 → 工作终结与恢复送电 → 召开班后会 → 资料归档

（二）10kV 及以下线路导线修复或压接标准作业流程

序号	内容	标　　准	参照依据
1	办理批准工作手续	检修班组根据线路电压等级向主管部门提出工作申请，经批准方可进行工作（主管部门应以书面形式批准工作）。	
2	现场勘察	（1）进行较为复杂的电力线路检修作业或相关人员（生产、安全管理人员或工作票签发人和工作负责人）认为有必要进行现场勘察的检修作业，由现场工作负责人组织相关人员（检修技术、安监人员）进行现场勘察，并做好勘察记录。确定现场作业危险点及控制措施，制定现场检修方案。 （2）现场勘察的内容： ①落实检修作业需要停电的范围（停电设备名称及所属单位）、保留带电设备及带电部位。 ②落实检修作业涉及的交叉跨越（电力线路、弱电线路、铁路、公路、建筑物、种植物等）。 ③落实所需材料、设备的规格、型号和数量。 ④查看检修现场条件和环境（检修运输道路、种植物损毁赔付等）。 （3）根据现场勘察结果，对检修危险性、复杂性和困难程度较大的检修作业项目，应编制组织措施、技术措施和安全措施，经本单位主管安全生产领导批准后执行。	《电力安全工作规程》2.2

序号	内容	标　　　准	参照依据
3	申请停电	检修日期确定后，应提前一天送达书面停电申请。 （1）馈路停电：由线路运行部门办理停电申请手续，经生产主管或调度部门审批签字后，送达调度或变电站值班员。 （2）线路部分停电或支线停电：由线路运行部门或检修班组向线路运行管理部门申请停电并办理停电申请手续，经生产主管部门审批签字后，由批准申请部门和申请部门各保留一份。 （3）如停电作业需其他单位（包括用户）线路配合停电时，应由检修单位事先联系，送达书面停电申请，取得配合停电单位的同意，并要求配合停电单位做好停电、接地等安全措施。	
4	通知用户	停电日期确定后，由生产调度部门或用户管理部门提前 7 天（计划停电时）将具体停电时间电话或书面通知用户，并将通知人及用户接受通知人的姓名、通知时间等记入记录，以备查询。	"供电服务十项承诺"

序号	内　容	标　　　准	参照依据
5	填写签发工作票操作票	（1）工作票的填写与签发：由工作负责人根据工作性质提前一天（临时停电工作除外）填写"电力线路第一种工作票"（低压导线修复时，应填写"低压第一种工作票"），经工作票签发人审核签字、工作负责人认可并签字后，一份留存工作票签发人或工作许可人处，另一份应提前交给工作负责人。 （2）操作票的填写与审核：由倒闸操作人根据发令人（值班调度员、变电站值班人员或设备运行部门人员）的操作指令，填写或打印倒闸操作票，操作人和监护人应根据模拟图或接线图核对所填写的操作项目和程序是否正确，确认无误后分别签名（事故应急处理和拉合开关或丝具的单一操作可以不使用操作票）。	《电力安全工作规程》2.3 4.2 《农村低压电气安全工作规程》5.1.1
6	召开班前会	检修作业开始前，由现场工作负责人召开全体检修人员会议，进行技术交底和安全交底，分配工作任务。 （1）技术交底：工作负责人向全体检修人员交代检修方案、检修工艺、质量要求、作业注意等事项。 （2）安全交底：工作负责人向全体检修人员交代检修作业危险点及控制措施，该项工作主要的危险点及控制措施是： ①防触电伤害。A. 严防导线触及带电线路。控制措施：带电线路应配	《电力安全工作规程》2.3 6.2

序号	内容	标　　准	参照依据
6	召开班前会	合停电。B. 严防误登、误操作。控制措施：登杆前核对线路双重名称及杆号，确认无误后方可登杆，设专人监护以防误登、误操作。C. 严防返送电源和感应电。控制措施：拉开有可能返送电的线路开关或丝具，并挂接地线，在有可能产生感应电的地段加挂接地线或使用个人保安线。 ②防高空坠落。控制措施：A. 作业人员登杆前，检查登杆工具是否安全可靠，确认无误后方可登杆；B. 作业人员登杆时做到："脚踩稳、手扒牢、一步一步慢登高，到达位置第一要，安全皮带系牢靠"；C. 安全带应系在牢固可靠的构件上，工作位置转换后，应及时系好安全带。 ③防高空坠物伤人。控制措施：A. 地勤人员尽量避免停留在杆下；B. 地勤人员戴好安全帽；C. 工具材料用绳索传递，尽量避免高空坠物；D. 操作跌落丝具时，操作人员应选好操作位置，防止丝具管跌落伤人。 ④防电杆倾倒伤人。控制措施：作业人员登杆前，观测估算电杆埋深及裂纹情况，确认稳固后方可登杆作业，必要时打临时拉线。 （3）交代工作任务，进行人员分工，明确专责监护人的监护范围和被监护人及其安全责任等。	《电力安全工作规程》 2.3 6.2

序号	内 容	标　　准	参照依据
7	准备材料工器具	（1）材料：准备压接管、修补管及其辅材、扎线、铝包带、铁丝、凡士林油等，要求规格型号正确、质量合格、数量满足需要。 （2）工器具：准备下列工器具，要求质量合格、安全可靠、数量满足需要。 ①停电操作工具：绝缘杆、验电器、高压发生器、接地线、绝缘手套、绝缘靴子、标示牌等。 ②登高工具：脚扣或踩板、安全帽、安全带等。 ③防护用具：个人保安线、防护服、绝缘鞋、手套等。 ④个人五小工具：电工钳、扳手、螺丝刀、小榔头、小绳等。 ⑤牵引工具：紧线器（钳）、三角钳头、滑轮、绳索等。 ⑥其他工具：压接钳、断线钳等。	
8	出发前检查	出发前由工作负责人检查： （1）检查人数、人员精神状态及身体状况。 （2）检查所带材料是否型号正确、质量合格、数量满足需要。 （3）检查所带工器具是否质量合格、安全可靠、数量满足需要。 （4）检查交通工具是否良好，行车证照是否齐全。	

序号	内 容	标　　准	参照依据
9	停电操作与许可工作	（1）馈路停电： 1）由变电站值班员根据调度命令或停电申请内容进行馈路停电操作（此操作必须填用"变电站倒闸操作票"，并按操作票所列程序进行操作），并做好接地等安全措施。 2）线路运行部门或检修班组停复电联系人（现场工作许可人）接到调度或变电站许可（第一次许可）工作的命令后，负责组织现场停电操作并做好安全措施，操作前负责核对线路双重名称及杆号，确认无误后，方可进行停电操作。以下操作按规定须用操作票时，应填用"电力线路倒闸操作票"，并按操作票所列程序进行操作。 ①断开需要现场操作的线路各端（含分支线）开关、刀闸或丝具。 ②断开危及线路停电作业，且不能采取相应措施的交叉跨越、平行或接近和同杆（塔）架设线路（包括外单位和用户线路）的开关、刀闸或丝具。 ③断开有可能返回低压电源和其他延伸至施工现场的低压线路电源开关。 ④在上述线路各端已断开的开关或刀闸的操作机构上应加锁；三相丝具的熔丝管应取下；并在上述开关、刀闸或丝具的操作机构醒目位置悬挂"线路有人工作，禁止合闸！"的标示牌。	《电力安全工作规程》 2.4 3.2 3.3 3.4 4.2

序号	内容	标 准	参照依据
9	停电操作与许可工作	⑤在线路各端（包括无断开点且有可能返送电的支线上）应逐一验电、挂接地线，在有可能产生感应电的地段加挂接地线。 上述停电、验电、挂接地线等安全措施完成后，现场工作许可人方可向工作负责人下达许可（第二次许可）工作的命令。 （2）线路部分停电或支线停电： 由线路运行部门或检修班组停复电联系人（现场工作许可人）负责组织现场停电操作并做好安全措施，操作前负责核对线路名称及杆号，确认无误后，方可进行停电操作。以下操作按规定须用操作票时，应填用"电力线路倒闸操作票"，并按操作票所列程序进行操作。 ①先断开电源侧开关、刀闸或丝具，再断开需要现场操作的线路各端（含分支线）开关、刀闸或丝具。 ②断开危及线路停电作业，且不能采取相应措施的交叉跨越、平行或接近和同杆（塔）架设线路（包括外单位和用户线路）的开关、刀闸或丝具。 ③断开有可能返回低压电源和其他延伸至施工现场的低压线路电源开关。 ④在上述线路各端已断开的开关或刀闸的操作机构上应加锁；三相丝具的熔丝管应取下；并在上述开关、刀闸或丝具的操作机构醒目位置悬挂	《电力安全工作规程》 2.4 3.2 3.3 3.4 4.2

序号	内 容	标　　准	参照依据
9	停电操作与许可工作	"线路有人工作，禁止合闸！"的标示牌。 ⑤在线路各端（包括无断开点且有可能返送电的支线上）应逐一验电、挂接地线，在有可能产生感应电的地段加挂接地线。 　上述停电、验电、挂接地线等安全措施完成后，现场工作许可人方可向工作负责人下达许可工作的命令。 （3）低压线路停电： 　由线路运行部门人员或检修班组人员担任现场工作许可人，现场工作许可人负责核对并确认变压器台区名称和停电线路名称，组织停电操作并布置现场安全措施。 ①拉开台区变压器低压总开关或分路开关，摘下熔丝管，在开关线路侧验电、挂接地线，在开关把手醒目位置悬挂"线路有人工作，禁止合闸！"的标示牌。如开关在室（箱）内，则配电室（箱）应加锁。以上安全措施完成后，工作许可人向工作负责人下达许可工作的命令。 ②工作负责人接到工作许可人许可工作的命令后，下令开始工作。 （4）工作许可人在向工作负责人发出许可工作的命令前，应将检修班组名称、数目、工作负责人姓名、工作地点和工作任务等记入记录簿内。 （5）许可开始工作的命令，应由工作许可人亲自下达给工作负责人。	《电力安全工作规程》 2.4 3.2 3.3 3.4 4.2

序号	内容	标　　准	参照依据
9	停电操作与许可工作	电话下达时，工作许可人及工作负责人应记录清楚明确，并复诵核对无误；当面下达时，工作许可人和工作负责人都应在工作票上记录许可时间，并签名（如现场工作许可人不直接参与监护或操作，而由他人监护和操作时，现场工作许可人必须在现场亲自目睹操作全过程，并确认操作结果）。 　（6）填用第一种工作票进行工作，工作负责人应在得到全部工作许可人的许可后，方可开始工作。所谓全部工作许可人，是指直接向工作负责人下达许可工作命令的所有工作许可人。 　1）馈路停电时，工作许可人包括： ①调度或变电站值班员（工作负责人直接担任停复电联系人）或中间停复电联系人（经中间停复电联系人向工作负责人下达许可工作的命令）。 ②若干个现场工作许可人（实施现场各方停电操作人或操作负责人）。 ③外单位或用户工作许可人（外单位或用户线路配合停电的联系人）。 　2）线路部分停电或支线停电时，工作许可人包括： ①若干个现场工作许可人（实施现场各方停电操作人或操作负责人）。 ②外单位或用户工作许可人（外单位或用户线路配合停电的联系人）。	《电力安全工作规程》 2.4 3.2 3.3 3.4 4.2

序号	内容	标　　准	参照依据
10	宣读工作票	工作负责人在得到全部工作许可人许可工作的命令后： (1) 认真核对线路双重名称及杆号，并确认无误。 (2) 列队宣读工作票： ①交代工作任务，明确工作内容及工艺质量要求。 ②交代安全措施，明确停电范围及保留带电设备及带电部位，告知危险点及现场采取的安全措施，补充其他安全注意事项。 ③明确人员分工及安全责任，根据工作性质和危险程度，如设专人监护时，应明确专责监护人的监护范围和被监护人及其安全责任；如分组作业时，应明确指定小组工作负责人（监护人），并使用工作任务单。 ④现场提问1～2名作业人员，确认所有作业人员都清楚安全措施、明白工作内容后，所有作业人员在工作票上签名。 ⑤工作负责人下令开始工作。	《电力安全工作规程》2.3 2.5
11	修复或压接导线	(1) 登杆前检查（三确认）： ①作业人员核对线路名称及杆号，确认无误后方可登杆。 ②作业人员观测估算电杆埋深及电杆裂纹，确认稳固后方可登杆。 ③作业人员检查登高工具是否安全可靠，确认无误后方可登杆。 (2) 修复导线： ①如导线损伤处远离耐张杆时，应将损伤处相邻的若干基直线杆上扎先解开，将导线下落至地面，作业人员检查导线损伤情况，如在允许补	《架空配电线路设计规程》3.09 《电力安全工作规程》6.2

序号	内 容	标　　　准	参照依据
11	修复或压接导线	修范围内，则应按规范要求实施补修，检查合格后，恢复直线杆上导线并绑扎牢固。 　②如导线损伤处靠近耐张杆时，从耐张杆上将导线松开落下（方法如前），必要时解开若干基直线杆上扎线，将导线下落至地面，作业人员检查导线损伤情况，如在允许补修范围内，则应按规范要求实施补修，检查合格后，在耐张杆上紧线做头（方法如前），恢复直线杆上导线并绑扎牢固。 　（3）压接导线： 　①将导线损伤处与附近耐张杆之间所有直线杆上扎线解开，将导线落至地面，并在附近耐张杆上将导线松开落下（注意：当导线下落时，要采取防止未解开扎线的第一基直线杆上绝缘子拉歪或拉断扎线）使导线处于松弛状态。 　②剪去导线损伤部分，将完好线头处理后穿管压接。 　③作业人员在耐张杆上重新紧线做头（方法如前），紧线时应注意该相导线弧垂与其他两相弧垂一致。恢复直线杆上导线并绑扎牢固。	《架空配电电线路设计规程》3.09《电力安全工作规程》6.2
12	检查验收	（1）检修作业结束后，工作负责人依据施工验收规范对检修工艺、质量进行自查验收，合格后，命令作业人员撤离现场。 　（2）通知运行单位进行验收。	《施工验收规范》

序号	内 容	标　　准	参照依据
13	工作终结与恢复送电	（1）停电作业结束后，工作负责人应履行下列职责： 1）工作负责人认为工作已结束，并在得到所有小组负责人工作结束的汇报后，应检查线路检修地段的状况，确认在杆塔上、导线上、绝缘子串上及其他辅助设备上没有遗留的个人保安线、工具、材料等，检查清点并确认全部作业人员已由杆塔上撤离，将全部作业人员集中一处，宣布："××线路已视同带电，禁止任何人再登杆作业"，如个别作业人员不能集中时，工作负责人必须设法通知到本人。 2）工作负责人分别向全部工作许可人汇报： ①对调度或变电站值班员（工作许可人）、或运检分设，对线路运行部门现场工作许可人的汇报："工作负责人×××向你汇报，××单位××班组在×处（说明起止杆号、分支线路名称等）停电工作已全部结束，本班组作业人员已全部撤离现场，经检查确认线路上无遗留物，××线路可以恢复送电"。 ②运检合一，对本班组现场工作许可人的汇报："××班组在××线路上×处（说明起止杆号、分支线路名称等）停电工作已全部结束，作业人员已全部撤离线路，经检查确认线路上无遗留物，可拆除接地线等安全措施，恢复线路供电"。	《电力安全工作规程》2.7

序号	内　容	标　　准	参照依据
13	工作终结与恢复送电	③对外单位或用户配合停电工作许可人的汇报："工作负责人×××向你汇报，××单位××班组停电工作已全部结束，你单位配合停电的线路可恢复送电"。 （2）停电工作结束后，各方工作许可人应履行下列职责： ①调度或变电站值班员（工作许可人）在接到所有工作负责人（包括用户）的完工报告后，与记录簿核对工作班组名称和工作负责人姓名，确认无误后，拆除安全措施，恢复送电（送电操作应填用"变电站倒闸操作票"，并按操作票所列程序进行操作）。 ②运检分设，线路运行部门现场工作许可人在接到所有工作负责人（包括用户）的完工报告后，与记录簿核对工作班组名称和工作负责人姓名，确认无误后，检查确认全部工作结束，全部工作人员已撤离线路，下令拆除接地线等现场安全措施，全部安全措施拆除后，核对清点接地线、标示牌数目，确认无误后，合上线路各端断开的开关、刀闸或丝具，恢复线路供电（以上操作按规定须用操作票时，应填用"电力线路倒闸操作票"，并按操作票所列程序进行操作）。 ③运检合一，本班组现场工作许可人在接到本班组工作负责人已完工和可拆除安全措施、恢复线路供电的报告后，与记录簿核对工作班组名称	《电力安全工作规程》2.7

序号	内容	标　　　准	参照依据
13	工作终结与恢复送电	和工作负责人姓名，检查确认全部工作已结束、全部工作人员已撤离线路、线路上无遗留物后，组织拆除接地线等安全措施，全部安全措施拆除完毕后，核对清点接地线、标示牌数目，确认无误后，合上线路各端断开的开关、刀闸或丝具，恢复线路供电（以上操作按规定须用操作票时，应填用"电力线路倒闸操作票"，并按操作票所列程序进行操作）。 （3）低压线路停电工作结束、恢复送电可参照以上程序进行。	《电力安全工作规程》2.7
14	召开班后会	工作结束后，工作负责人组织全体检修人员召开班后会，总结工作经验和存在的问题，制定改进措施。	
15	资料归档	检修单位技术人员将变动后的设备情况以书面形式移交给运行单位存档。	

十七、调整 10kV 及以下线路导线弧垂

（一）调整 10kV 及以下线路导线弧垂标准作业流程图

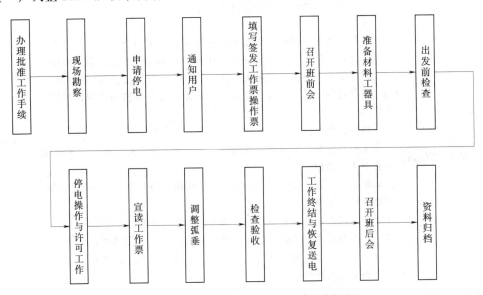

（二）调整 10kV 及以下线路导线弧垂标准作业流程

序号	内容	标　　　准	参照依据
1	办理批准工作手续	检修班组根据线路电压等级向主管部门提出工作申请，经批准方可进行工作（主管部门应以书面形式批准工作）。	
2	现场勘察	（1）进行较为复杂的电力线路检修作业或相关人员（生产、安全管理人员或工作票签发人和工作负责人）认为有必要进行现场勘察的检修作业，由现场工作负责人组织相关人员（检修技术、安监人员）进行现场勘察，并做好勘察记录。确定现场作业危险点及控制措施，制定现场检修方案。 （2）现场勘察的内容 ①落实检修作业需要停电的范围（停电设备名称及所属单位）、保留带电设备及带电部位。 ②落实检修作业涉及的交叉跨越（电力线路、弱电线路、铁路、公路、建筑物、种植物等）。 ③查看检修现场条件和环境（检修运输道路、种植物损毁赔付等）。 （3）根据现场勘察结果，对检修危险性、复杂性和困难程度较大的检修作业项目，应编制组织措施、技术措施和安全措施，经本单位主管安全生产领导批准后执行。	《电力安全工作规程》 2.2

序号	内 容	标　　准	参照依据
3	申请停电	检修日期确定后，应提前一天送达书面停电申请。 （1）馈路停电：由线路运行部门办理停电申请手续，经生产主管或调度部门审批签字后，送达调度或变电站值班员。 （2）线路部分停电或支线停电：由线路运行部门或检修班组向线路运行管理部门申请停电并办理停电申请手续，经生产主管部门审批签字后，由批准申请部门和申请部门各保留一份。 （3）如停电作业需其他单位（包括用户）线路配合停电时，应由检修单位事先联系，送达书面停电申请，取得配合停电单位的同意，并要求配合停电单位做好停电、接地等安全措施。	
4	通知用户	停电日期确定后，由生产调度部门或用户管理部门提前7天（计划停电时）将具体停电时间电话或书面通知用户，并将通知人及用户接受通知人的姓名、通知时间等记入记录，以备查询。	"供电服务十项承诺"

序号	内容	标　　准	参照依据
5	填写签发工作票操作票	（1）工作票的填写与签发：由工作负责人根据工作性质提前一天（临时停电工作除外）填写"电力线路第一种工作票"（调整低压线路导线弧垂时，应填写"低压第一种工作票"），经工作票签发人审核签字、工作负责人认可并签字后，一份留存工作票签发人或工作许可人处，另一份应提前交给工作负责人。 （2）操作票的填写与审核：由倒闸操作人根据发令人（值班调度员、变电站值班人员或设备运行部门人员）的操作指令，填写或打印倒闸操作票，操作人和监护人应根据模拟图或接线图核对所填写的操作项目和程序是否正确，确认无误后分别签名（事故应急处理和拉合开关或丝具的单一操作可以不使用操作票）。	《电力安全工作规程》2.3　4.2《农村低压电气安全工作规程》5.1.1
6	召开班前会	检修作业开始前，由现场工作负责人召开全体检修人员会议，进行技术交底和安全交底，分配工作任务。 （1）技术交底：工作负责人向全体检修人员交代检修方案、检修工艺、质量要求、作业注意等事项。 （2）安全交底：工作负责人向全体检修人员交代检修作业危险点及控制措施，该项工作主要的危险点及控制措施是： ①防触电伤害。A. 严防导线触及带电线路。控制措施：a. 带电线路应	《电力安全工作规程》2.3　6.2

序号	内容	标　　　准	参照依据
6	召开班前会	配合停电；b. 确不能停电时，应在解开扎线和松开线夹前，将导线用绳索悬挂控制在杆上以防导线脱落，必要时应加双保险，做到万无一失。B. 严防误登、误操作。控制措施：登杆前核对线路双重名称及杆号，确认无误后方可登杆，设专人监护以防误登、误操作。C. 严防返送电源和感应电。控制措施：拉开有可能返送电的线路开关或丝具，并挂接地线，在有可能产生感应电的地段加挂接地线或使用个人保安线。 ②防高空坠落。控制措施：A. 作业人员登杆前，检查登杆工具是否安全可靠，确认无误后方可登杆；B. 作业人员登杆时做到："脚踩稳、手扒牢、一步一步慢登高，到达位置第一要，安全皮带系牢靠"；C. 安全带应系在牢固可靠的构件上，工作位置转换后，应及时系好安全带。 ③防高空坠物伤人。控制措施：A. 地勤人员尽量避免停留在杆下；B. 地勤人员戴好安全帽；C. 工具材料用绳索传递，尽量避免高空坠物；D. 操作跌落丝具时，操作人员应选好操作位置，防止丝具管跌落伤人。 ④防电杆倾倒伤人。控制措施：作业人员登杆前，观测估算电杆埋深及裂纹情况，确认稳固后方可登杆作业，必要时打临时拉线。 （3）交代工作任务，进行人员分工，明确专责监护人的监护范围和被监护人及其安全责任等。如分组工作时，每个小组应指定工作负责人（监护人），并使用工作任务单。	《电力安全工作规程》 2.3 6.2

序号	内　容	标　　　　准	参照依据
7	准备材料工器具	（1）材料：准备扎线铝包带、铁丝等，要求规格型号正确、质量合格、数量满足需要。 （2）工器具：准备下列工器具，要求质量合格、安全可靠、数量满足需要。 ①停电操作工具：绝缘杆、验电器、高压发生器、接地线、绝缘手套、绝缘靴子、标示牌等。 ②登高工具：脚扣或踩板、安全帽、安全带等。 ③防护用具：个人保安线、防护服、绝缘鞋、手套等。 ④个人五小工具：电工钳、扳手、螺丝刀、小榔头、小绳等。 ⑤牵引工具：手搬葫芦或双钩紧线器、紧线钳及三角钳头、滑轮、绳索、标杆等。	
8	出发前检查	出发前由工作负责人检查： （1）检查人数、人员精神状态及身体状况。 （2）检查所带材料是否规格型号正确、质量合格、数量满足需要。 （3）检查所带工器具是否质量合格、安全可靠、数量满足需要。 （4）检查交通工具是否良好，行车证照是否齐全。	

序号	内 容	标　　　准	参照依据
9	停电操作与许可工作	（1）馈路停电： 1）由变电站值班员根据调度命令或停电申请内容进行馈路停电操作（此操作必须填用"变电站倒闸操作票"，并按操作票所列程序进行操作），并做好接地等安全措施。 2）线路运行部门或施工班组停复电联系人（现场工作许可人）接到调度或变电站许可（第一次许可）工作的命令后，负责组织现场停电操作并做好安全措施，操作前负责核对线路双重名称及杆号，确认无误后，方可进行停电操作。以下操作按规定须用操作票时，应填用"电力线路倒闸操作票"，并按操作票所列程序进行操作。 ①断开需要现场操作的线路各端（含分支线）开关、刀闸或丝具。 ②断开危及线路停电作业，且不能采取相应措施的交叉跨越、平行或接近和同杆（塔）架设线路（包括外单位和用户线路）的开关、刀闸或丝具。 ③断开有可能返回低压电源和其他延伸至施工现场的低压线路电源开关。 ④在上述线路各端已断开的开关或刀闸的操作机构上应加锁；三相丝具的熔丝管应取下；并在上述开关、刀闸或丝具的操作机构醒目位置悬挂"线路有人工作，禁止合闸！"的标示牌。	《电力安全工作规程》 2.4 3.2 3.3 3.4 4.2

序号	内 容	标　　　准	参照依据
9	停电操作与许可工作	⑤在线路各端（包括无断开点且有可能返送电的支线上）应逐一验电、挂接地线，在有可能产生感应电的地段加挂接地线。 上述停电、验电、挂接地线等安全措施完成后，现场工作许可人方可向工作负责人下达许可（第二次许可）工作的命令。 （2）线路部分停电或支线停电： 由线路运行部门或检修班组停复电联系人（现场工作许可人）负责组织现场停电操作并做好安全措施，操作前负责核对线路名称及杆号，确认无误后，方可进行停电操作。以下操作按规定须用操作票时，应填用"电力线路倒闸操作票"，并按操作票所列程序进行操作。 ①先断开电源侧开关、刀闸或丝具，再断开需要现场操作的线路各端（含分支线）开关、刀闸或丝具。 ②断开危及线路停电作业，且不能采取相应措施的交叉跨越、平行或接近和同杆（塔）架设线路（包括外单位和用户线路）的开关、刀闸或丝具。 ③断开有可能返回低压电源和其他延伸至施工现场的低压线路电源开关。 ④在上述线路各端已断开的开关或刀闸的操作机构上应加锁；三相丝具的熔丝管应取下；并在上述开关、刀闸或丝具的操作机构醒目位置悬挂	《电力安全工作规程》 2.4 3.2 3.3 3.4 4.2

序号	内容	标　　　准	参照依据
9	停电操作与许可工作	"线路有人工作，禁止合闸！"的标示牌。 ⑤在线路各端（包括无断开点且有可能返送电的支线上）应逐一验电、挂接地线，在有可能产生感应电的地段加挂接地线。 上述停电、验电、挂接地线等安全措施完成后，现场工作许可人方可向工作负责人下达许可工作的命令。 （3）低压线路停电： 由线路运行部门人员或检修班组人员担任现场工作许可人，现场工作许可人负责核对并确认变压器台区名称和停电线路名称，组织停电操作并布置现场安全措施。 ①拉开台区变压器低压总开关或分路开关，摘下熔丝管，在开关线路侧验电、挂接地线，在开关把手醒目位置悬挂"线路有人工作，禁止合闸！"的标示牌。如开关在室（箱）内，则配电室（箱）应加锁。以上安全措施完成后，工作许可人向工作负责人下达许可工作的命令。 ②工作负责人接到工作许可人许可工作的命令后，下令开始工作。 （4）工作许可人在向工作负责人发出许可工作的命令前，应将检修班组名称、数目、工作负责人姓名、工作地点和工作任务等记入记录簿内。 （5）许可开始工作的命令，应由工作许可人亲自下达给工作负责人。电话下达时，工作许可人及工作负责人应记录清楚明确，并复诵核对无误；	《电力安全工作规程》 2.4 3.2 3.3 3.4 4.2

序号	内 容	标　准	参照依据
9	停电操作与许可工作	当面下达时，工作许可人和工作负责人都应在工作票上记录许可时间，并签名（如现场工作许可人不直接参与监护或操作，而由他人监护和操作时，现场工作许可人必须在现场亲自目睹操作全过程，并确认操作结果）。 （6）填用第一种工作票进行工作，工作负责人应在得到全部工作许可人的许可后，方可开始工作。所谓全部工作许可人，是指直接向工作负责人下达许可工作命令的所有工作许可人。 1）馈路停电时，工作许可人包括： ①调度或变电站值班员（工作负责人直接担任停复电联系人）或中间停复电联系人（经中间停复电联系人向工作负责人下达许可工作的命令）。 ②若干个现场工作许可人（实施现场各方停电操作人或操作负责人）。 ③外单位或用户工作许可人（外单位或用户线路配合停电的联系人）。 2）线路部分停电或支线停电时，工作许可人包括： ①若干个现场工作许可人（实施现场各方停电操作人或操作负责人）。 ②外单位或用户工作许可人（外单位或用户线路配合停电的联系人）。	《电力安全工作规程》 2.4 3.2 3.3 3.4 4.2

序号	内容	标 准	参照依据
10	宣读工作票	工作负责人在得到全部工作许可人许可工作的命令后： (1) 认真核对线路双重名称及杆号，并确认无误。 (2) 列队宣读工作票： ①交代工作任务，明确工作内容及工艺质量要求。 ②交代安全措施，明确停电范围及保留带电设备及带电部位，告知危险点及现场采取的安全措施，补充其他安全注意事项。 ③明确人员分工及安全责任，根据工作性质和危险程度，如设专人监护时，应明确专责监护人的监护范围和被监护人及其安全责任；如分组作业时，应明确指定小组工作负责人（监护人），并使用工作任务单。 ④现场提问1~2名作业人员，确认所有作业人员都清楚安全措施、明白工作内容后，所有作业人员在工作票上签名。 ⑤工作负责人下令开始工作。	《电力安全工作规程》2.3 2.5
11	调整弧垂	(1) 登杆前检查（三确认）： ①作业人员核对线路名称及杆号，确认无误后方可登杆。 ②作业人员观测估算电杆埋深及裂纹情况，确认稳固后方可登杆。 ③作业人员检查登高工具是否安全可靠，确认无误后方可登杆。 (2) 登杆作业：	《电力安全工作规程》6.2

序号	内 容	标　　　准	参照依据
11	调整弧垂	①部分作业人员先登上直线杆解开扎线，在未解开扎线前，先用绳索将导线悬挂控制在杆上，以防导线脱落，再解开扎线，将导线放在滑轮内或横担上。 ②作业人员再登上附近的耐张杆，挂好紧线器和滑轮，将三角钳头卡在导线上，将牵引绳通过滑轮与三角钳头连接，另一头固定在地锚上，以防导线脱落，用紧线器收紧导线，使耐张处于松弛状态，拆开耐张线夹卡线螺丝，使导线松动，用紧线器配合地面牵引绳，或松或紧，使导线弧垂达到理想状态。 ③观测弧垂：导线弧垂可根据档距、导线型号和当天气温计算得知，也可根据规律档距查表得知。观测弧垂一般采用平行四边形法观测，即：在观测档两端电杆上按已知的弧垂尺寸绑上横标杆，观测人登杆平视两标杆，当导线弧垂最低点落在两标杆的水平视平线上时，即刻叫停紧线，此时的导线弧垂即为理想弧垂。观测档一般选在耐张段中间或偏后的位置，并尽量选用大档距进行观测，三相导线的弧垂应力求一致，在允许误差范围内，一般中相不得低于边相。观测弧垂人员应与紧线人员保持通信畅通，以便信号传递。 ④弧垂达到理想状态后，杆上人员重新卡好耐张线夹螺丝，松开紧线器和牵引绳，检查无误后，拆除紧线器和牵引绳，使导线恢复自然状态。如	《电力安全工作规程》6.2

序号	内容	标　　准	参照依据
11	调整弧垂	因调整弧垂引起引流线变化，则重新做好引流线，检查无误后，人员即可下杆。 ⑤在直线杆上将导线重新扎在绝缘子上，拆除保险绳索，人员即可下杆，工作即告结束。	《电力安全工作规程》6.2
12	检查验收	（1）施工作业结束后，工作负责人依据施工验收规范对检修工艺、质量进行自查验收，合格后，命令作业人员撤离现场。 （2）通知运行单位进行验收。	《施工验收规范》
13	工作终结与恢复送电	（1）停电作业结束后，工作负责人应履行下列职责： 1）工作负责人认为工作已结束，并在得到所有小组负责人工作结束的汇报后，应检查线路检修地段的状况，确认在杆塔上、导线上、绝缘子串上及其他辅助设备上没有遗留的个人保安线、工具、材料等，检查清点并确认全部作业人员已由杆塔上撤离，将全部作业人员集中一处，宣布："××线路已视同带电，禁止任何人再登杆作业"，如个别作业人员不能集中时，工作负责人必须设法通知到本人。 2）工作负责人分别向全部工作许可人汇报： ①对调度或变电站值班员（工作许可人）、或运检分设，对线路运行部门现场工作许可人的汇报："工作负责人×××向你汇报，××单位×	《电力安全工作规程》2.7

序号	内 容	标 准	参照依据
13	工作终结与恢复送电	×班组在×处（说明起止杆号、分支线路名称等）停电工作已全部结束，本班组作业人员已全部撤离现场，经检查确认线路上无遗留物，××线路可以恢复送电"。 ②运检合一，对本班组现场工作许可人的汇报："××班组在××线路上×处（说明起止杆号、分支线路名称等）停电工作已全部结束，作业人员已全部撤离线路，经检查确认线路上无遗留物，可拆除接地线等安全措施，恢复线路供电"。 ③对外单位或用户配合停电工作许可人的汇报："工作负责人×××向你汇报，××单位××班组停电工作已全部结束，你单位配合停电的线路可恢复送电"。 （2）停电工作结束后，各方工作许可人应履行下列职责： ①调度或变电站值班员（工作许可人）在接到所有工作负责人（包括用户）的完工报告后，与记录簿核对工作班组名称和工作负责人姓名，确认无误后，拆除安全措施，恢复送电。（送电操作应填用"变电站倒闸操作票"，并按操作票所列程序进行操作）。 ②运检分设，线路运行部门现场工作许可人在接到所有工作负责人（包括用户）的完工报告后，与记录簿核对工作班组名称和工作负责人姓名，确认无误后，检查确认全部工作结束，全部工作人员已撤离线路，	《电力安全工作规程》2.7

序号	内容	标　　准	参照依据
13	工作终结与恢复送电	下令拆除接地线等现场安全措施，全部安全措施拆除后，核对清点接地线、标示牌数目，确认无误后，合上线路各端断开的开关、刀闸或丝具，恢复线路供电。（以上操作按规定须用操作票时，应填用"电力线路倒闸操作票"，并按操作票所列程序进行操作）。 ③运检合一，本班组现场工作许可人在接到本班组工作负责人已完工和可拆除安全措施、恢复线路供电的报告后，与记录簿核对工作班组名称和工作负责人姓名，检查确认全部工作已结束、全部工作人员已撤离线路、线路上无遗留物后，组织拆除接地线等安全措施，全部安全措施拆除完毕后，核对清点接地线、标示牌数目，确认无误后，合上线路各端断开的开关、刀闸或丝具，恢复线路供电（以上操作按规定须用操作票时，应填用"电力线路倒闸操作票"，并按操作票所列程序进行操作）。 （3）低压线路停电工作结束、恢复送电可参照以上程序进行。	《电力安全工作规程》2.7
14	召开班后会	工作结束后，工作负责人组织全体检修人员召开班后会，总结工作经验和存在的问题，制定改进措施。	
15	资料归档	检修单位技术人员将变动后的设备情况以书面形式移交给运行单位存档。	

十八、更换 10kV 柱上断路器（丝具、避雷器）

（一）更换 10kV 柱上断路器（丝具、避雷器）标准作业流程图

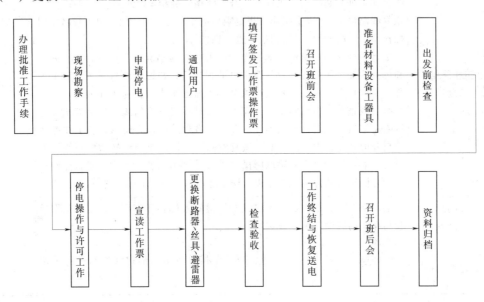

(二) 更换 10kV 柱上断路器（丝具、避雷器）标准作业流程

序号	内容	标准	参照依据
1	办理批准工作手续	施工班组根据线路电压等级向主管部门提出工作申请，经批准方可进行工作（主管部门应以书面形式批准工作）。	
2	现场勘察	（1）进行较为复杂的电力线路施工作业或相关人员（生产、安全管理人员或工作票签发人和工作负责人）认为有必要进行现场勘察的施工作业，由现场工作负责人组织相关人员（施工技术、安监人员）进行现场勘察，并做好勘察记录。确定现场作业危险点及控制措施，制定现场施工方案。 （2）现场勘察的内容： ①落实施工作业需要停电的范围（停电设备名称及所属单位）、保留带电设备及带电部位。 ②落实施工作业涉及的交叉跨越（电力线路、弱电线路、铁路、公路、建筑物、种植物等）。 ③落实所需材料、设备的规格、型号和数量。 ④查看施工现场条件和环境（施工运输道路、种植物损毁赔付等）。 （3）根据现场勘察结果，对施工危险性、复杂性和困难程度较大的施工作业项目，应编制组织措施、技术措施和安全措施，经本单位主管安全生产领导批准后执行。	《电力安全工作规程》2.2

序号	内容	标　　　准	参照依据
3	申请停电	施工日期确定后，应提前一天送达书面停电申请。 （1）馈路停电：由线路运行部门办理停电申请手续，经生产主管或调度部门审批签字后，送达调度或变电站值班员。 （2）线路部分停电或支线停电：由线路运行部门或施工班组向线路运行管理部门申请停电并办理停电申请手续，经生产主管部门审批签字后，由批准申请部门和申请部门各保留一份。 （3）如停电作业需其他单位（包括用户）线路配合停电时，应由施工单位事先联系，送达书面停电申请，取得配合停电单位的同意，并要求配合停电单位做好停电、接地等安全措施。	
4	通知用户	停电日期确定后，由生产调度部门或用户管理部门提前7天（计划停电时）将具体停电时间电话或书面通知用户，并将通知人及用户接受通知人的姓名、通知时间等记入记录，以备查询。	"供电服务十项承诺"
5	填写签发工作票操作票	（1）工作票的填写与签发：由工作负责人根据工作性质提前一天（临时停电工作除外）填写"电力线路第一种工作票"，经工作票签发人审核签字、工作负责人认可并签字后，一份留存工作票签发人或工作许可人处，另一份应提前交给工作负责人。	《电力安全工作规程》2.3 4.2

序号	内容	标　　准	参照依据
5	填写签发工作票操作票	（2）操作票的填写与审核：由倒闸操作人根据发令人（值班调度员、变电站值班人员或设备运行部门人员）的操作指令，填写或打印倒闸操作票，操作人和监护人应根据模拟图或接线图核对所填写的操作项目和程序是否正确，确认无误后分别签名（事故应急处理和拉合开关或丝具的单一操作可以不使用操作票）。	《电力安全工作规程》2.3　4.2
6	召开班前会	施工作业开始前，由现场工作负责人召开全体施工人员会议，进行技术交底和安全交底，分配工作任务。 （1）技术交底：工作负责人向全体施工人员交代施工方案、施工工艺、质量要求、作业注意等事项。 （2）安全交底：工作负责人向全体施工人员交代施工作业危险点及控制措施，该项工作主要的危险点及控制措施是： ①防触电伤害。A. 被更换的断路器如系联络开关，则开关两侧线路均应停电。B. 严防误登、误操作。控制措施：登杆前核对线路双重名称及杆号，确认无误后方可登杆，设专人监护以防误登、误操作。 ②防高空坠落。控制措施：A. 作业人员登杆前，检查登杆工具是否安全可靠，确认无误后方可登杆；B. 作业人员登杆时做到："脚踩稳、手扒牢、一步一步慢登高，到达位置第一要，安全皮带系牢靠"；C. 安全带应系在牢固可靠的构件上，工作位置转换后，应及时系好安全带。	《电力安全工作规程》6.2

序号	内 容	标　　　准	参照依据
6	召开班前会	③防起重物坠落伤人。控制措施：A.起吊断路器时，要检查确认起重器具（横梁、钢丝绳套、倒链等）安全可靠。B.断路器就位后，在未固定牢固之前，不得松开起吊设备，待固定牢固后方可松开。C.断路器起吊过程中，断路器下方禁止有人停留。 ④防高空坠物伤人。控制措施：A.地勤人员尽量避免停留在杆下。B.地勤人员戴好安全帽。C.工具材料用绳索传递，尽量避免高空坠物；D.操作跌落丝具时，操作人员应选好操作位置，防止丝具管跌落伤人。 （3）交代工作任务，进行人员分工，明确专责监护人的监护范围和被监护人及其安全责任等。	《电力安全工作规程》6.2
7	准备材料设备工器具	（1）材料：准备备用针式绝缘子、铜芯橡皮线、扎线等。要求规格型号正确、质量合格、数量满足需要。 （2）设备：准备柱上断路器（丝具、避雷器），并经试验合格。 （3）工器具：准备下列工器具，要求质量合格、安全可靠、数量满足需要。 ①停电操作工具：绝缘杆、验电器，高压发生器、接地线，绝缘手套、绝缘靴子、标示牌等。 ②登高工具：脚扣或踩板、安全帽、安全带等。 ③防护用具：个人保安线、防护服、绝缘鞋、手套、安全遮拦等。	

序号	内　容	标　　　准	参照依据
7	准备材料设备工器具	④个人五小工具：电工钳、扳手、螺丝刀、小榔头、小绳等。 ⑤起重牵引工具：吊车或倒链、滑轮、钢丝绳、钢丝绳套、工具 U 形环、绳索等。 ⑥其他工具：绝缘摇表、横梁（双槽钢或木檩条）等。 （4）如用吊车更换断路器时，工具可省去倒链、滑轮和横梁。	
8	出发前检查	出发前由工作负责人检查： （1）检查人数、人员精神状态及身体状况。 （2）检查所带材料、设备是否型号正确、质量合格、数量满足需要。 （3）检查所带工器具是否质量合格、安全可靠、数量满足需要。 （4）检查交通工具是否良好，行车证照是否齐全。	
9	停电操作与许可工作	（1）馈路停电： 1）由变电站值班员根据调度命令或停电申请内容进行馈路停电操作，（此操作必须填用"变电站倒闸操作票"，并按操作票所列程序进行操作）并做好接地等安全措施。 2）线路运行部门或施工班组停复电联系人（现场工作许可人）接到调度或变电站许可（第一次许可）工作的命令后，负责组织现场停电操作并做好安全措施，操作前负责核对线路双重名称及杆号，确认无误后，	《电力安全工作规程》 2.4 3.2 3.3 3.4 4.2

序号	内容	标　　准	参照依据
9	停电操作与许可工作	方可进行停电操作。以下操作按规定须用操作票时，应填用"电力线路倒闸操作票"，并按操作票所列程序进行操作。 　①断开需要现场操作的线路各端（含分支线）开关、刀闸或丝具。 　②断开危及线路停电作业，且不能采取相应措施的交叉跨越、平行或接近和同杆（塔）架设线路（包括外单位和用户线路）的开关、刀闸或丝具。 　③断开有可能返回低压电源和其他延伸至施工现场的低压线路电源开关。 　④在上述线路各端已断开的开关或刀闸的操作机构上应加锁；三相丝具的熔丝管应取下；并在上述开关、刀闸或丝具的操作机构醒目位置悬挂"线路有人工作，禁止合闸！"的标示牌。 　⑤在线路各端（包括无断开点且有可能返送电的支线上）应逐一验电、挂接地线，在有可能产生感应电的地段加挂接地线。 　上述停电、验电、挂接地线等安全措施完成后，现场工作许可人方可向工作负责人下达许可（第二次许可）工作的命令。 　（2）线路部分停电或支线停电： 　由线路运行部门或施工班组停复电联系人（现场工作许可人）负责组织现场停电操作并做好安全措施，操作前负责核对线路名称及杆号，确认无误后，方可进行停电操作。以下操作按规定须用操作票时，应填用"电力线路倒闸操作票"，并按操作票所列程序进行操作。	《电力安全工作规程》 2.4 3.2 3.3 3.4 4.2

序号	内 容	标　　　准	参照依据
9	停电操作与许可工作	①先断开电源侧开关、刀闸或丝具，再断开需要现场操作的线路各端（含分支线）开关、刀闸或丝具。 ②断开危及线路停电作业，且不能采取相应措施的交叉跨越、平行或接近和同杆（塔）架设线路（包括外单位和用户线路）的开关、刀闸或丝具。 ③断开有可能返回低压电源和其他延伸至施工现场的低压线路电源开关。 ④在上述线路各端已断开的开关或刀闸的操作机构上应加锁；三相丝具的熔丝管应取下；并在上述开关、刀闸或丝具的操作机构醒目位置悬挂"线路有人工作，禁止合闸！"的标示牌。 ⑤在线路各端（包括无断开点且有可能返送电的支线上）应逐一验电、挂接地线，在有可能产生感应电的地段加挂接地线。 上述停电、验电、挂接地线等安全措施完成后，现场工作许可人方可向工作负责人下达许可工作的命令。 （3）工作许可人在向工作负责人发出许可工作的命令前，应将工作班组名称、数目、工作负责人姓名、工作地点和工作任务等记入记录簿内。 （4）许可开始工作的命令，应由工作许可人亲自下达给工作负责人。电话下达时，工作许可人及工作负责人应记录清楚明确，并复诵核对无误；当面下达时，工作许可人和工作负责人都应在工作票上记录许可时间，	《电力安全工作规程》 2.4 3.2 3.3 3.4 4.2

序号	内 容	标　　准	参照依据
9	停电操作与许可工作	并签名（如现场工作许可人不直接参与监护或操作，而由他人监护和操作时，现场工作许可人必须在现场亲自目睹操作全过程，并确认操作结果）。 （5）填用第一种工作票进行工作，工作负责人应在得到全部工作许可人的许可后，方可开始工作。所谓全部工作许可人，是指直接向工作负责人下达许可工作命令的所有工作许可人。 　1）馈路停电时，工作许可人包括： ①调度或变电站值班员（工作负责人直接担任停复电联系人）或中间停复电联系人（经中间停复电联系人向工作负责人下达许可工作的命令）。 ②若干个现场工作许可人（实施现场各方停电操作人或操作负责人）。 ③外单位或用户工作许可人（外单位或用户线路配合停电的联系人）。 　2）线路部分停电或支线停电时，工作许可人包括： ①若干个现场工作许可人（实施现场各方停电操作人或操作负责人）。 ②外单位或用户工作许可人（外单位或用户线路配合停电的联系人）。	《电力安全工作规程》 2.4 3.2 3.3 3.4 4.2
10	宣读工作票	工作负责人在得到全部工作许可人许可工作的命令后： （1）认真核对线路双重名称及杆号，并确认无误。 （2）列队宣读工作票：	《电力安全工作规程》 2.3 2.5

序号	内容	标　　准	参照依据
10	宣读工作票	①交代工作任务，明确工作内容及工艺质量要求。 ②交代安全措施，明确停电范围及保留带电设备及带电部位，告知危险点及现场采取的安全措施，补充其他安全注意事项。 ③明确人员分工及安全责任，根据工作性质和危险程度，如设专人监护时，应明确专责监护人的监护范围和被监护人及其安全责任；如分组作业时，应明确指定小组工作负责人（监护人），并使用工作任务单。 ④现场提问 1~2 名作业人员，确认所有作业人员都清楚安全措施、明白工作内容后，所有作业人员在工作票上签名。 ⑤工作负责人下令开始工作。	《电力安全工作规程》2.3 2.5
11	更换断路器（丝具、避雷器）	（1）登杆前检查（三确认）： ①作业人员核对线路名称及杆号，确认无误后方可登杆。 ②作业人员观测估算电杆埋深及裂纹情况，确认稳固后方可登杆。 ③作业人员检查登高工具是否安全可靠，确认无误后方可登杆。 （2）登杆作业： ①作业人员分别登上两侧电杆，在将要安装横梁位置以上挂好滑轮，将绳索穿过滑轮，一头绑在横梁上，另一头由地勤人员掌握在手中，将横梁提升至预定位置，杆上人员将横梁固定在杆上，做到牢固可靠，万无一失。	《电力安全工作规程》6.2 6.7

序号	内 容	标　　　准	参照依据
11	更换断路器（丝具、避雷器）	②作业人员用滑轮将倒链提升至横梁，杆上人员用钢丝绳套将倒链悬挂在横梁中央后，即下至断路器台架上，松下倒链挂钩，将挂钩挂在旧断路器钢丝绳套上，在短路器上拴上控制绳，拆掉断路器两侧引线及外壳接地线，拆开固定断路器的螺丝，指挥人员指挥起吊，地勤人员拉动控制绳使断路器离开台架下落，拉动倒链使断路器落至地面（注意：为解决倒链行程不足而不能一次起吊到位的问题，可以：A. 在倒链挂钩与断路器钢丝套之间用钢丝绳连接，倒链行程用完后，用钢丝绳将断路器临时悬挂在空中，放长连接钢丝绳后继续起吊，直至断路器下落至地面；B. 选用手扳葫芦时可能一次起吊到位）。 ③地勤人员将新断路器移至台架下，将连接钢丝绳与断路器钢丝绳套连接，调整好钢丝绳套，防止钢丝绳套滑动偏移。指挥人员指挥起吊，地勤人员拉住控制绳，保持断路器缓慢上升就位。 ④台架上作业人员将新断路器固定在台架上后，即可拆除起吊器具、横梁和控制绳，作业人员可恢复断路器两侧引线及外壳接地线。 ⑤待断路器稳定后，用2500V绝缘摇表遥测断路器绝缘，合格后方可投运。 （3）如需更换丝具或避雷器，便可一并更换。如用吊车更换，其方法更为简便。	《电力安全工作规程》 6.2 6.7
12	检查验收	（1）施工作业结束后，工作负责人依据施工验收规范对施工工艺、质量进行自查验收，合格后，命令作业人员撤离现场。 （2）通知运行单位进行验收。	《施工验收规范》

序号	内 容	标 准	参照依据
13	工作终结与恢复送电	(1) 停电作业结束后，工作负责人应履行下列职责： 1) 工作负责人认为工作已结束，并在得到所有小组负责人工作结束的汇报后，应检查线路施工地段的状况，确认在杆塔上、导线上、绝缘子串上及其他辅助设备上没有遗留的个人保安线、工具、材料等，检查清点并确认全部作业人员已由杆塔上撤离，将全部作业人员集中一处，宣布："××线路已视同带电，禁止任何人再登杆作业"，如个别作业人员不能集中时，工作负责人必须设法通知到本人。 2) 工作负责人分别向全部工作许可人汇报： ①对调度或变电站值班员（工作许可人）或运检分设，对线路运行部门现场工作许可人的汇报："工作负责人×××向你汇报，××单位××班组在×处（说明起止杆号、分支线路名称等）停电工作已全部结束，本班组作业人员已全部撤离现场，经检查确认线路上无遗留物，××线路可以恢复送电"。 ②运检合一，对本班组现场工作许可人的汇报："××班组在××线路上×处（说明起止杆号、分支线路名称等）停电工作已全部结束，作业人员已全部撤离线路，经检查确认线路上无遗留物，可拆除接地线等安全措施，恢复线路供电"。	《电力安全工作规程》2.7

序号	内 容	标　　　准	参照依据
13	工作终结与恢复送电	③对外单位或用户配合停电工作许可人的汇报："工作负责人×××向你汇报，××单位××班组停电工作已全部结束，你单位配合停电的线路可恢复送电"。 （2）停电工作结束后，各方工作许可人应履行下列职责： ①调度或变电站值班员（工作许可人）在接到所有工作负责人（包括用户）的完工报告后，与记录簿核对工作班组名称和工作负责人姓名，确认无误后，拆除安全措施，恢复送电。（送电操作应填用"变电站倒闸操作票"，并按操作票所列程序进行操作）。 ②运检分设，线路运行部门现场工作许可人在接到所有工作负责人（包括用户）的完工报告后，与记录簿核对工作班组名称和工作负责人姓名，确认无误后，检查确认全部工作结束，全部工作人员已撤离线路，下令拆除接地线等现场安全措施，全部安全措施拆除后，核对清点接地线、标示牌数目，确认无误后，合上线路各端断开的开关、刀闸或丝具，恢复线路供电（以上操作按规定须用操作票时，应填用"电力线路倒闸操作票"，并按操作票所列程序进行操作）。 ③运检合一，本班组现场工作许可人在接到本班组工作负责人已完工和可拆除安全措施、恢复线路供电的报告后，与记录簿核对工作班组名称	《电力安全工作规程》2.7

序号	内 容	标　　准	参照依据
13	工作终结与恢复送电	和工作负责人姓名，检查确认全部工作已结束、全部工作人员已撤离线路、线路上无遗留物后，组织拆除接地线等安全措施，全部安全措施拆除完毕后，核对清点接地线、标示牌数目，确认无误后，合上线路各端断开的开关、刀闸或丝具，恢复线路供电（以上操作按规定须用操作票时，应填用"电力线路倒闸操作票"，并按操作票所列程序进行操作）。	《电力安全工作规程》2.7
14	召开班后会	工作结束后，工作负责人组织全体施工人员召开班后会，总结工作经验和存在的问题，制定改进措施	
15	资料归档	整理完善施工记录资料，移交运行部门归档妥善保管。	

十九、安装配电变压器

（一）安装配电变压器标准作业流程图

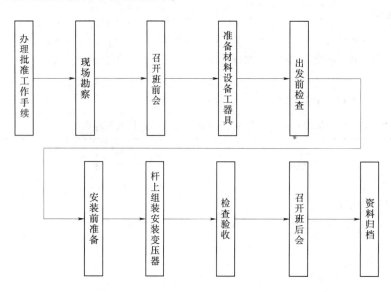

办理批准工作手续 → 现场勘察 → 召开班前会 → 准备材料设备工器具 → 出发前检查 → 安装前准备 → 杆上组装安装变压器 → 检查验收 → 召开班后会 → 资料归档

（二）安装配电变压器标准作业流程

序号	内 容	标 准	参照依据
1	办理批准工作手续	施工班组根据设备电压等级向主管部门提出工作申请，经批准方可进行工作（主管部门应以书面形式批准工作）。	
2	现场勘察	（1）由现场施工负责人、施工技术人员进行现场勘察，做好勘察记录，确定现场作业危险点及控制措施，制定施工方案。 （2）现场勘察的内容：查看施工作业的现场条件和环境，如施工运输道路、青苗损毁及赔付等。	《电力安全工作规程》 2.2
3	召开班前会	施工作业开始前，由现场工作负责人召开全体施工人员会议，进行技术交底和安全交底，分配工作任务。 （1）技术交底：工作负责人向全体施工人员交代施工方案、施工工艺、质量要求、作业注意等事项。 （2）安全交底：工作负责人向全体施工人员交代施工作业危险点及控制措施，该项工作主要的危险点及控制措施是： ①防高空坠落。控制措施：A.作业人员登杆前，检查登杆工具是否安全可靠，确认无误后方可登杆；B.作业人员登杆时做到："脚踩稳、手扒牢、一步一步慢登高，到达位置第一要，安全皮带系牢靠"；C.安全带应系在牢固可靠的构件上，工作位置转换后，应及时系好安全带。	《电力安全工作规程》 2.3 8.2 6.2

序号	内 容	标 准	参照依据
3	召开班前会	②防电杆倾倒伤人。控制措施：作业人员登杆前，观测估算电杆埋深，确认稳固后方可登杆作业。 ③防高空坠物伤人。控制措施：A. 地勤人员尽量避免停留在杆下；B. 地勤人员戴好安全帽；C. 工具材料用绳索传递，尽量避免高空坠物；D. 操作跌落丝具时，操作人员应选好操作位置，防止丝具管跌落伤人。 ④防变压器坠落或倾倒伤人。控制措施：A. 起吊变压器时，要检查确认起重器具（横梁、钢丝套、倒链等）安全可靠；B. 变压器就位后，在未固定牢固之前，不得松开起吊设备，待固定牢固后方可松开；C. 变压器起吊过程中，变压器下方禁止有人；D. 运输变压器时应捆绑牢固。 （3）交代工作任务，进行人员分工，明确监护人的监护范围和被监护人及其安全责任等。	《电力安全工作规程》 2.3 8.2 6.2
4	准备材料设备工器具	（1）材料：准备变压器支架杆并运到现场，变压器支架、丝具、避雷器支架、横担及中相丝具横担、铁担包箍、螺丝、高压针式绝缘子、低压绝缘子、螺丝、铜芯橡皮线、铜铝设备线夹、并勾线夹、接地管及接地引线、扎线、铁丝等。要求规格型号正确、质量合格、数量满足需要。 （2）设备：准备变压器、高压断路器（开关或丝具）、避雷器、低压断路器或刀闸。要求规格型号正确、质量合格、安全可靠，变压器、避雷器应经试验合格。	

序号	内 容	标 准	参照依据
4	准备材料设备工器具	（3）工器具：准备下列工器具，要求质量合格、安全可靠、数量满足需要。 ①登高工具：脚扣或踩板、安全帽、安全带等。 ②防护用具：防护服、绝缘鞋、手套等。 ③个人五小工具：电工钳、扳手、螺丝刀、小榔头、小绳等。 ④起重工具：吊车或倒链、滑轮、钢丝绳及钢丝绳套、工具 U 形环、绳索等。 ⑤其他工具：横梁（双槽钢或木檩条）、绝缘摇表、接地摇表、铁锨、铁镐、夯土锤子等。 （4）如用吊车起吊变压器时，可省去倒链、滑轮和横梁。	
5	出发前检查	出发前由工作负责人检查： （1）检查人数、人员精神状态及身体状况。 （2）检查所带材料是否规格型号正确、质量合格、数量满足需要。 （3）检查变压器、避雷器是否测试合格，运输捆绑是否牢固可靠。 （4）检查所带工器具是否质量合格、安全可靠、数量满足需要。 （5）检查交通工具是否良好，行车证照是否齐全。	
6	安装前准备	（1）按立杆作业流程立好支架杆、支架杆的直径应根据变压器的重量来确定，其埋深不小于 $2m$，特别注意回填夯实，做到稳固牢靠。 （2）埋设变压器防雷接地装置，接地管的数量应根据土壤电阻率来确	《电力安全工作规程》 6.2 7.1

序号	内容	标　　　准	参照依据
6	安装前准备	定，但最少不小于两根，两接地管的水平距离不应小于5m，接地管上端及接地连接线距地面不小于0.6m，两接地引线的连接板应与避雷器杆上接地引下线一起用螺丝连接紧固于杆下地面处，如增加接地管时，新增加的接地管必须与其他接地管可靠连接。	《电力安全工作规程》 6.2 7.1
7	杆上组装安装变压器	（1）登杆前检查（冲击试验）登高工具是否安全可靠，确认无误后方可登杆。 （2）登杆作业： ①作业人员同时登上两根支架杆，先安装变压器支架（距地面高度不小于2.5m)，后安装横担和绝缘子，再起吊安装横梁。 ②杆上人员在将要安装横梁位置以上挂好滑轮，将绳索穿过滑轮，一头绑在横梁上，另一头由地勤人员掌握在手中，将横梁提升至预定位置，杆上人员将横梁固定在杆上，做到牢固可靠，万无一失。 ③作业人员用滑轮将倒链提升至横梁，再用钢丝绳套将倒链悬挂在横梁中央后，即下至变压器台架上，松下倒链挂钩。地勤人员将变压器移至台架下，将倒链挂钩挂在变压器钢丝绳套上。地勤人员在变压器两侧拴上控制绳，将变压器钢丝绳套扶在理想位置后（注意：防止钢丝绳套滑动偏移；防止钢丝绳套压坏变压器套管）。由指挥人员指挥起吊，地勤人员拉住控制绳，保持变压器离开台架缓慢上升就位（如倒链行程所限不能一次到位时，应加长钢丝绳套分多次完成起吊）。	《电力安全工作规程》 6.2 6.4

序号	内 容	标　　　准	参照依据
7	杆上组装安装变压器	④台架上作业人员将变压器固定在台架上后，即可拆除起吊器具、横梁和控制绳，待横梁拆除后，杆上人员安装高压丝具、避雷器、低压开关（刀闸）。台架上人员做变压器高低压引线，连接零线、外壳接地线，杆上人员做丝具、避雷器、低压开关引线并扎线、地勤人员连接接地引下线并绑扎牢固。 ⑤待变压器稳定后，用2500V绝缘摇表遥测变压器绝缘。再用接地摇表测试接地电阻，两项测试合格后，等待供电。 ⑥如当日不供电，则安装变压器工作结束。如当日供电时，线路则应办理停电手续，停电后连接丝具上引线，在合上丝具管之前，应按恢复供电程序进行，合上丝具后，侧耳细听变压器声音正常后，即可结束工作。 （3）如安装台架式配电柜，其安装方法参照变压器安装方法。	《电力安全工作规程》6.2　6.4
8	检查验收	（1）施工作业结束后，工作负责人依据施工验收规范对施工工艺、质量进行自查验收，合格后，命令作业人员撤离现场。 （2）通知运行单位进行验收。	《施工验收规范》
9	召开班后会	工作结束后，工作负责人组织全体施工人员召开班后会，总结工作经验和存在的问题，制定改进措施，清理剩余材料、办理退库手续，整理保养工器具。	
10	资料归档	整理完善施工记录资料，移交运行部门归档妥善保管。	

二十、更换台架上配电变压器

(一) 更换台架上配电变压器标准作业流程图

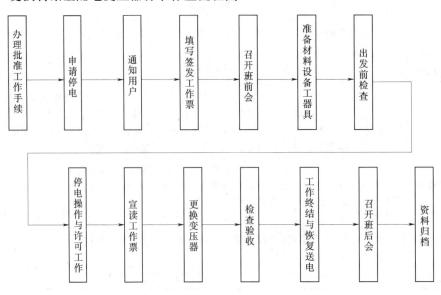

(二) 更换台架上配电变压器标准作业流程

序号	内 容	标 准	参照依据
1	办理批准工作手续	施工班组根据设备电压等级向主管部门提出工作申请，经批准方可进行工作（主管部门应以书面形式批准工作）。	
2	申请停电	由变压器运行部门或施工班组向变压器运行管理部门申请停电，办理停电申请手续。	
3	通知用户	停电日期确定后，由用户管理部门提前 7 天（计划停电时）将具体停电时间通知用户，并做好记录。	"供电服务十项承诺"
4	填写签发工作票	由工作负责人填写"电力线路第一种工作票（配电变压器台区工作专用票）"，经工作票签发人审核签字、工作负责人认可并签字后，一份留存工作票签发人或工作许可人处，另一份应提前交给工作负责人。	《电力安全工作规程》 2.3 4.2
5	召开班前会	施工作业开始前，由现场工作负责人召开全体施工人员会议，进行技术交底和安全交底，分配工作任务。 （1）技术交底：工作负责人向全体施工人员交代施工方案、施工工艺、质量要求、作业注意等事项。 （2）安全交底：工作负责人向全体施工人员交代施工作业危险点及控制措施，该项工作主要的危险点及控制措施是： ①防触电伤害。A. 为了确保人身安全，更换配电变压器最好在线路停电情况下进行；B. 线路确不能停电时，工作负责人必须向全体作业人员	《电力安全工作规程》 2.3 6.2

序号	内容	标　　　准	参照依据
5	召开班前会	讲清楚，配变台架上虽已停电，但台架上部高压丝具上桩头及以上仍带电，故作业人员在安装起吊横梁时，一定保持人身与带电体的安全距离（最小 0.7m），并设专人监护；C. 严防误登、误操作，控制措施：登杆前核对线路双重名称及杆号、台区名称，确认无误后方可登杆，设专人监护以防误登、误操作。 ②防高空坠落。控制措施：A. 作业人员登杆前，检查登杆工具是否安全可靠，确认无误后方可登杆；B. 作业人员登杆时做到："脚踩稳、手扒牢、一步一步慢登高，到达位置第一要，安全皮带系牢靠"；C. 安全带应系在牢固可靠的构件上，工作位置转换后，应及时系好安全带。 ③防电杆倾倒伤人。控制措施：作业人员登杆前，观测估算电杆埋深及裂纹情况，确认稳固后方可登杆作业，必要时打临时拉线。 ④防高空坠物伤人。控制措施：A. 地勤人员尽量避免停留在杆下；B. 地勤人员戴好安全帽；C. 工具材料用绳索传递，尽量避免高空坠物；D. 操作跌落丝具时，操作人员应选好操作位置，防止丝具管跌落伤人。 ⑤防变压器坠落或倾倒伤人。控制措施：A. 起吊变压器时，要检查确认起重器具（横梁、钢丝套、倒链等）安全可靠；B. 变压器就位后，在未固定牢固之前，不得松开起吊设备，待固定牢固后方可松开；C. 变压	《电力安全工作规程》 2.3 6.2

序号	内容	标　　准	参照依据
5	召开班前会	器起吊过程中，变压器下方禁止有人作业。 　　(3) 交代工作任务，进行人员分工，明确专责监护人的监护范围和被监护人及其安全责任等。	《电力安全工作规程》 2.3 6.2
6	准备材料设备工器具	(1) 材料：准备铜铝设备线夹、针式绝缘子、高低压熔丝（片）、铜芯橡皮线、8 号铁丝等。要求：型号正确、质量合格、数量满足需要。 　　(2) 设备：准备配电变压器，变压器必须经过试验合格。如使用经过试验的备用变压器，则用 2500V 绝缘摇表遥测绝缘值。 　　(3) 工器具：准备下列工器具，要求：质量合格、安全可靠、数量满足需要。 　　①停电操作工具：10kV 绝缘杆，10kV、0.4kV 验电器，高低压接地线，绝缘手套、绝缘靴子、标示牌等。 　　②登高工具：脚扣或踩板、安全帽、安全带等。 　　③防护用具：防护服、绝缘鞋、手套、安全遮拦等。 　　④个人五小工具：电工钳、扳手、螺丝刀、小榔头、小绳等。 　　⑤起重工具：吊车或倒链、滑轮、钢丝绳及钢丝绳套、工具 U 形环、绳索等。 　　⑥其他工具：起吊用横梁（双槽钢或木檩条）、绝缘摇表、棉纱或抹布等。 　　(4) 如用吊车更换变压器时，工具可省去倒链、滑轮和横梁。	《电力安全工作规程》 2.3 4.2

序号	内 容	标　　　准	参照依据
7	出发前检查	出发前由工作负责人检查： (1) 检查人数、人员精神状态及身体状况。 (2) 检查所带材料是否规格型号正确、质量合格、数量满足需要。 (3) 检查变压器是否测试合格，运输捆绑是否牢固可靠。 (4) 检查所带工器具是否质量合格、安全可靠、数量满足需要。 (5) 检查交通工具是否良好，行车证照是否齐全。	
8	停电操作与 许可工作	(1) 到达现场后，工作负责人核对线路双重名称及杆号、核对变压器台区名称，确认无误后，通知现场工作许可人（变压器运行部门人员或本班组人员）停电并布置现场安全措施。 (2) 工作许可人接到工作负责人通知后，通知操作人进行停电操作，操作人在监护人的监护下按照已填写的"配电变压器台区停送电操作程序卡片"所列顺序进行停电操作。 (3) 上述停电操作完成后，工作许可人向工作负责人下达许可工作命令。	
9	宣读工作票	工作负责人接到工作许可人许可工作的命令后，列队宣读工作票。 (1) 交代停电范围及保留带电设备和带电部位，明确危险点及控制措施，补充其它安全注意事项。	《电力安全 工作规程》 2.4 4.2.4

序号	内 容	标　　准	参照依据
9	宣读工作票	（2）明确工作任务、提出工艺质量要求，明确专责监护人的监护范围和被监护人及其安全责任。 （3）现场提问1～2名作业人员，确认所有作业人员都清楚安全措施、明白工作内容后，所有作业人员在工作票上签名。 （4）工作负责人下令开始工作。	《电力安全工作规程》 2.4 4.2.4
10	更换变压器	（1）登杆前检查（三确认）： ①作业人员核对线路名称及杆号、台区名称，确认无误后方可登杆。 ②作业人员观测估算电杆埋深及裂纹情况，确认稳固后方可登杆。 ③作业人员检查登高工具是否安全可靠，确认无误后方可登杆。 （2）登杆作业： ①作业人员分别从高低压两侧登杆（高压侧专责监护人要目不转睛地盯住登杆人员，确保安全工作距离，以防人身触电）在将要安装横梁位置以上挂好滑轮，将绳索穿过滑轮，一头绑在横梁上，另一头由地勤人员掌握在手中，将横梁提升至预定位置，杆上人员将横梁固定在杆上，做到牢固可靠，万无一失。 ②作业人员用滑轮将倒链提升至横梁，杆上人员用钢丝绳套将倒链悬挂在横梁中央后，即下至变压器台架上，松下倒链挂钩，将挂钩挂在旧变压器钢丝绳套上，拆掉变压器高低压引线、外壳接地及固定变压器的	《电力安全工作规程》 6.2

序号	内容	标 准	参照依据
10	更换变压器	铁丝或螺丝，在变压器两侧拴上控制绳后，指挥人员指挥起吊，地勤人员拉动控制绳使变压器偏离台架。拉动倒链将变压器落至地面（注意：如倒链行程不足时，应变更倒链悬挂位置或加延长钢丝绳套，分多次完成起吊）。 ③地勤人员将新变压器移至台架下，将倒链挂钩挂在变压器钢丝绳套上。地勤人员在变压器两侧拴上控制绳，将变压器钢丝绳套扶在理想位置后（注意：防止钢丝绳套滑动偏移；防止钢丝绳套压坏变压器套管）。由指挥人员指挥起吊，地勤人员拉住控制绳，保持变压器离开台架缓慢上升就位。 ④台架上作业人员将变压器固定在台架上后，即可拆除起吊器具、横梁和控制绳，待横梁拆除后，作业人员可恢复高低压引线，外壳接地线，擦拭套管。 ⑤待变压器稳定后，用2500V绝缘摇表遥测变压器绝缘，合格后方可投运，侧耳细听变压器声音正常后，结束工作。 （3）如更换台架式配电柜，其方法可参照更换变压器的方法。	《电力安全工作规程》6.2
11	检查验收	（1）施工作业结束后，工作负责人依据施工验收规范对施工工艺、质量进行自查验收，合格后，命令作业人员撤离现场。 （2）通知运行单位进行验收。	《施工验收规范》

序号	内容	标　　准	参照依据
12	工作终结与恢复送电	（1）检查验收合格后： ①工作负责人检查确认变压器上，台架上无遗留的材料、工具等，将全体作业人员集中一处，宣布："本台区工作已全部结束，台架上视同带电，任何人不得再登台作业"。 ②工作负责人向工作许可人汇报：本台区工作全部结束，工作人员已全部撤离，经检查确认台架上无遗留物，可以拆除安全措施、恢复送电。 （2）工作许可人接到工作负责人通知后，检查确认人员全部撤离现场，配变及台架上无遗留物后，通知操作人进行送电操作，操作人在监护人的监护下，按照"配电变压器台区停送电操作程序卡片"所列顺序进行送电操作。 （3）侧耳细听变压器声音正常后，即可结束工作。	
13	召开班后会	工作结束后，工作负责人组织全体施工人员召开班后会，总结工作经验和存在的问题，制定改进措施。	
14	资料归档	整理完善施工记录资料，移交运行部门归档妥善保管。	

二十一、更换配电变压器高压跌落丝具

(一) 更换配电变压器高压跌落丝具标准化作业流程图

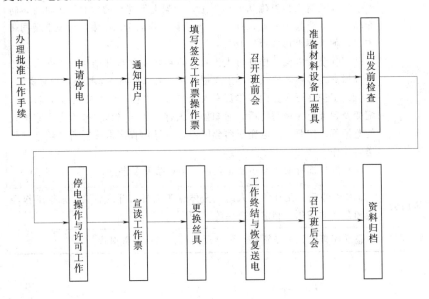

办理批准工作手续 → 申请停电 → 通知用户 → 填写签发工作票操作票 → 召开班前会 → 准备材料设备工器具 → 出发前检查

停电操作与许可工作 → 宣读工作票 → 更换丝具 → 工作终结与恢复送电 → 召开班后会 → 资料归档

（二）更换配电变压器高压跌落丝具标准化作业流程

序号	内 容	标 准	参照依据
1	办理批准工作手续	检修班组根据线路电压等级向主管部门提出工作申请，经批准方可进行工作（主管部门应以书面形式批准工作）。	
2	申请停电	检修日期确定后，应提前一天送达书面停电申请。 （1）馈路停电：由线路运行部门办理停电申请手续，经生产主管或调度部门审批签字后，送达调度或变电站值班员。 （2）线路部分停电或支线停电：由线路运行部门或检修班组向线路运行管理部门申请停电并办理停电申请手续，经生产主管部门审批签字后，由批准申请部门和申请部门各保留一份。 （3）如停电作业需其他单位（包括用户）线路配合停电时，应由检修单位事先联系，送达书面停电申请，取得配合停电单位的同意，并要求配合停电单位做好停电、接地等安全措施。	
3	通知用户	停电日期确定后，由生产调度部门或用户管理部门提前 7 天（计划停电时）将具体停电时间电话或书面通知用户，并将通知人及用户接受通知人的姓名、通知时间等记入记录，以备查询。	"供电服务十项承诺"

序号	内容	标　　　准	参照依据
4	填写签发工作票操作票	（1）工作票的填写与签发：由工作负责人根据工作性质提前一天（临时停电工作除外）填写"电力线路第一种工作票"，经工作票签发人审核签字、工作负责人认可并签字后，一份留存工作票签发人或工作许可人处，另一份应提前交给工作负责人。 （2）操作票的填写与审核：由倒闸操作人根据发令人（值班调度员、变电站值班人员或设备运行部门人员）的操作指令，填写或打印倒闸操作票，操作人和监护人应根据模拟图或接线图核对所填写的操作项目和程序是否正确，确认无误后分别签名。（事故应急处理和拉合开关或丝具的单一操作可以不使用操作票）。	《电力安全工作规程》2.3　4.2
5	召开班前会	检修作业开始前，由现场工作负责人召开全体检修人员会议，进行技术交底和安全交底，分配工作任务。 （1）技术交底：工作负责人向全体检修人员交代检修方案、检修工艺、质量要求、作业注意等事项。 （2）安全交底：工作负责人向全体检修人员交代检修作业危险点及控制措施，该项工作主要的危险点及控制措施是： ①防触电伤害。A. 严防误登、误操作。控制措施：登杆前核对线路双重名称及杆号，确认无误后方可登杆，设专人监护以防误登、误操作。B. 严防返送电源和感应电。控制措施：拉开有可能返送电的线路开关或丝具，并挂接地线，在有感应电的地段加挂接地线或使用个人保安线。	《电力安全工作规程》6.2

序号	内 容	标　　　　准	参照依据
5	召开班前会	②防高空坠落。控制措施：A. 作业人员登杆前，检查登杆工具是否安全可靠，确认无误后方可登杆；B. 作业人员登杆时做到："脚踩稳、手扒牢、一步一步慢登高，到达位置第一要，安全皮带系牢靠"；C. 安全带应系在牢固可靠的构件上，工作位置转换后，应及时系好安全带。 ③防高空坠物伤人。控制措施：A. 地勤人员尽量避免停留在杆下；B. 地勤人员戴好安全帽；C. 工具材料用绳索传递，尽量避免高空坠物；D. 操作跌落丝具时，操作人员应选好操作位置，防止丝具管跌落伤人。 ④防电杆倾倒伤人。控制措施：作业人员登杆前，观测估算电杆埋深及裂纹情况，确认稳固后方可登杆作业，必要时打临时拉线。 （3）交代工作任务，进行人员分工，明确专责监护人的监护范围和被监护人及其安全责任等。	《电力安全工作规程》6.2
6	准备材料设备工器具	（1）材料：准备铜芯橡皮线、扎线、丝具支架及螺丝备用。 （2）设备：准备高压跌落丝具，要求经试验合格。 （3）工器具：准备下列工器具，要求质量合格、安全可靠、数量满足需要。 ①停电操作工具：绝缘杆、验电器、高压发生器、接地线、绝缘手套、绝缘靴子、标示牌等。 ②登高工具：脚扣或踩板、安全帽、安全带等。	

序号	内 容	标 准	参照依据
6	准备材料设备工器具	③防护用具：防护服、绝缘鞋、手套等。 ④个人五小工具：电工钳、扳手、螺丝刀、小榔头、小绳等。	
7	出发前检查	出发前由工作负责人检查： （1）检查人数、人员精神状态及身体状况。 （2）检查所带材料、设备是否规格型号正确、质量合格、数量满足需要。 （3）检查所带工器具是否质量合格、安全可靠、数量满足需要。 （4）检查交通工具是否良好，行车证照是否齐全。	
8	停电操作与许可工作	（1）馈路停电： 1）由变电站值班员根据调度命令或停电申请内容进行馈路停电操作，（此操作必须填用"变电站倒闸操作票"，并按操作票所列程序进行操作）并做好接地等安全措施。 2）线路运行部门或施工班组停复电联系人（现场工作许可人）接到调度或变电站许可（第一次许可）工作的命令后，负责组织现场停电操作并做好安全措施，操作前负责核对线路双重名称及杆号，确认无误后，	《电力安全工作规程》 2.4 3.2 3.3 3.4 4.2

序号	内容	标　　准	参照依据
8	停电操作与许可工作	方可进行停电操作。以下操作按规定须用操作票时，应填用"电力线路倒闸操作票"，并按操作票所列程序进行操作。 　①断开需要现场操作的线路各端（含分支线）开关、刀闸或丝具。 　②断开危及线路停电作业，且不能采取相应措施的交叉跨越、平行或接近和同杆（塔）架设线路（包括外单位和用户线路）的开关、刀闸或丝具。 　③断开有可能返回低压电源和其他延伸至施工现场的低压线路电源开关。 　④在上述线路各端已断开的开关或刀闸的操作机构上应加锁；三相丝具的熔丝管应取下；并在上述开关、刀闸或丝具的操作机构醒目位置悬挂"线路有人工作，禁止合闸！"的标示牌。 　⑤在线路各端（包括无断开点且有可能返送电的支线上）应逐一验电、挂接地线，在有可能产生感应电的地段加挂接地线。 　上述停电、验电、挂接地线等安全措施完成后，现场工作许可人方可向工作负责人下达许可（第二次许可）工作的命令。 　（2）线路部分停电或支线停电： 　由线路运行部门或施工班组停复电联系人（现场工作许可人）负责组织现场停电操作并做好安全措施，操作前负责核对线路名称及杆号，确认无误后，方可进行停电操作。以下操作按规定须用操作票时，应填用"电力线路倒闸操作票"，并按操作票所列程序进行操作。	《电力安全工作规程》 2.4 3.2 3.3 3.4 4.2

序号	内 容	标　　准	参照依据
8	停电操作与许可工作	①先断开电源侧开关、刀闸或丝具，再断开需要现场操作的线路各端（含分支线）开关、刀闸或丝具。 ②断开危及线路停电作业，且不能采取相应措施的交叉跨越、平行或接近和同杆（塔）架设线路（包括外单位和用户线路）的开关、刀闸或丝具。 ③断开有可能返回低压电源和其他延伸至施工现场的低压线路电源开关。 ④在上述线路各端已断开的开关或刀闸的操作机构上应加锁；三相丝具的熔丝管应取下；并在上述开关、刀闸或丝具的操作机构醒目位置悬挂"线路有人工作，禁止合闸！"的标示牌。 ⑤在线路各端（包括无断开点且有可能返送电的支线上）应逐一验电、挂接地线，在有可能产生感应电的地段加挂接地线。 上述停电、验电、挂接地线等安全措施完成后，现场工作许可人方可向工作负责人下达许可工作的命令。 （3）工作许可人在向工作负责人发出许可工作的命令前，应将工作班组名称、数目、工作负责人姓名、工作地点和工作任务等记入记录簿内。 （4）许可开始工作的命令，应由工作许可人亲自下达给工作负责人。电话下达时，工作许可人及工作负责人应记录清楚明确，并复诵核对无误；当面下达时，工作许可人和工作负责人都应在工作票上记录许可时间，	《电力安全工作规程》 2.4 3.2 3.3 3.4 4.2

序号	内 容	标　　准	参照依据
8	停电操作与许可工作	并签名（如现场工作许可人不直接参与监护或操作，而由他人监护和操作时，现场工作许可人必须在现场亲自目睹操作全过程，并确认操作结果）。 （5）填用第一种工作票进行工作，工作负责人应在得到全部工作许可人的许可后，方可开始工作。所谓全部工作许可人，是指直接向工作负责人下达许可工作命令的所有工作许可人。 　　1）馈路停电时，工作许可人包括： ①调度或变电站值班员（工作负责人直接担任停复电联系人）或中间停复电联系人（经中间停复电联系人向工作负责人下达许可工作的命令）。 ②若干个现场工作许可人（实施现场各方停电操作人或操作负责人）。 ③外单位或用户工作许可人（外单位或用户线路配合停电的联系人）。 　　2）线路部分停电或支线停电时，工作许可人包括： ①若干个现场工作许可人（实施现场各方停电操作人或操作负责人）。 ②外单位或用户工作许可人（外单位或用户线路配合停电的联系人）。	《电力安全工作规程》 2.4 3.2 3.3 3.4 4.2
9	宣读工作票	工作负责人在得到全部工作许可人许可工作的命令后： （1）认真核对线路双重名称、台区名称及杆号，确认无误。 （2）列队宣读工作票： ①交代工作任务，明确工作内容及工艺质量要求。	

序号	内 容	标　　准	参照依据
9	宣读工作票	②交代安全措施，明确停电范围及保留带电设备及带电部位，告知危险点及现场采取的安全措施，补充其他安全注意事项。 ③明确人员分工及安全责任，根据工作性质和危险程度，如设专人监护时，应明确专责监护人的监护范围和被监护人及其安全责任。 ④现场提问 1~2 名作业人员，确认所有作业人员都清楚安全措施、明白工作内容后，所有作业人员在工作票上签名。 ⑤工作负责人下令开始工作。	《电力安全工作规程》 2.3 2.5
10	更换断路器（丝具）	(1) 登杆前检查（三确认）： ①作业人员核对线路名称及杆号，确认无误后方可登杆。 ②作业人员观测估算电杆埋深及裂纹情况，确认稳固后方可登杆。 ③作业人员检查登高工具是否安全可靠，确认无误后方可登杆。 (2) 拆旧装新： 作业人员登上丝具杆，拆除丝具上下引线和固定螺丝后，将旧丝具吊落地面，将新丝具吊上杆，先安装固定螺丝，再连接上下引线，检查（试验推拉）无误即可下杆。	《电力安全工作规程》 6.2 6.7

序号	内容	标　　　准	参照依据
11	工作终结与恢复送电	（1）停电作业结束后，工作负责人应履行下列职责： 1）工作负责人认为工作已结束，并在得到所有小组负责人工作结束的汇报后，应检查线路施工地段的状况，确认在杆塔上、导线上、绝缘子串上及其他辅助设备上没有遗留的个人保安线、工具、材料等，检查清点并确认全部作业人员已由杆塔上撤离，将全部作业人员集中一处，宣布："××线路已视同带电，禁止任何人再登杆作业"，如个别作业人员不能集中时，工作负责人必须设法通知到本人。 2）工作负责人分别向全部工作许可人汇报： ①对调度或变电站值班员（工作许可人）或运检分设，对线路运行部门现场工作许可人的汇报："工作负责人×××向你汇报，××单位××班组在×处（说明起止杆号、分支线路名称等）停电工作已全部结束，本班组作业人员已全部撤离现场，经检查确认线路上无遗留物，××线路可以恢复送电"。 ②运检合一，对本班组现场工作许可人的汇报："××班组在××线路上×处（说明起止杆号、分支线路名称等）停电工作已全部结束，作业人员已全部撤离线路，经检查确认线路上无遗留物，可拆除接地线等安全措施，恢复线路供电"。	《电力安全工作规程》2.7

序号	内容	标　　准	参照依据
11	工作终结与恢复送电	③对外单位或用户配合停电工作许可人的汇报："工作负责人×××向你汇报，××单位××班组停电工作已全部结束，你单位配合停电的线路可恢复送电"。 （2）停电工作结束后，各方工作许可人应履行下列职责： ①调度或变电站值班员（工作许可人）在接到所有工作负责人（包括用户）的完工报告后，与记录簿核对工作班组名称和工作负责人姓名，确认无误后，拆除安全措施，恢复送电。（送电操作应填用"变电站倒闸操作票"，并按操作票所列程序进行操作）。 ②运检分设，线路运行部门现场工作许可人在接到所有工作负责人（包括用户）的完工报告后，与记录簿核对工作班组名称和工作负责人姓名，确认无误后，检查确认全部工作结束，全部工作人员已撤离线路，下令拆除接地线等现场安全措施，全部安全措施拆除后，核对清点接地线、标示牌数目，确认无误后，合上线路各端断开的开关、刀闸或丝具，恢复线路供电（以上操作按规定须用操作票时，应填用"电力线路倒闸操作票"，并按操作票所列程序进行操作）。 ③运检合一，本班组现场工作许可人在接到本班组工作负责人已完工和可拆除安全措施、恢复线路供电的报告后，与记录簿核对工作班组名称	《电力安全工作规程》2.7

序号	内容	标　　准	参照依据
11	工作终结与恢复送电	和工作负责人姓名，检查确认全部工作已结束、全部工作人员已撤离线路、线路上无遗留物后，组织拆除接地线等安全措施，全部安全措施拆除完毕后，核对清点接地线、标示牌数目，确认无误后，合上线路各端断开的开关、刀闸或丝具，恢复线路供电（以上操作按规定须用操作票时，应填用"电力线路倒闸操作票"，并按操作票所列程序进行操作）。	
12	召开班后会	工作结束后，工作负责人组织全体检修人员召开班后会，总结工作经验和存在的问题，制定改进措施。	
13	资料归档	整理完善检修记录资料，移交运行部门归档妥善保管。	

二十二、更换配电变压器台区避雷器

(一) 更换配电变压器台区避雷器标准作业流程图

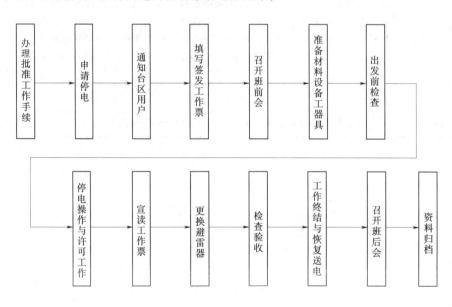

办理批准工作手续 → 申请停电 → 通知台区用户 → 填写签发工作票 → 召开班前会 → 准备材料设备工器具 → 出发前检查

停电操作与许可工作 → 宣读工作票 → 更换避雷器 → 检查验收 → 工作终结与恢复送电 → 召开班后会 → 资料归档

(二) 更换配电变压器台区避雷器标准作业流程

序号	内容	标　准	参照依据
1	办理批准工作手续	检修班组根据设备电压等级向主管部门提出工作申请，经批准方可进行工作（主管部门应以书面形式批准工作）。	
2	申请停电	由变压器运行部门或检修班组向变压器运行管理部门申请停电，办理停电申请手续。	
3	通知用户	停电日期确定后，由用户管理部门提前 7 天（计划停电时）将具体停电时间通知用户，并做好记录。	"供电服务十项承诺"
4	填写签发工作票	由工作负责人填写"电力线路第一种工作票（配电变压器台区工作专用票）"，经工作票签发人审核签字、工作负责人认可并签字后，一份留存工作票签发人或工作许可人处，另一份应提前交给工作负责人。	《电力安全工作规程》2.3 4.2
5	召开班前会	检修作业开始前，由现场工作负责人召开全体检修人员会议，进行技术交底和安全交底，分配工作任务。 （1）技术交底：工作负责人向全体检修人员交代检修方案、检修工艺、质量要求、作业注意等事项。 （2）安全交底：工作负责人向全体检修人员交代检修作业危险点及控制措施，该项工作主要的危险点及控制措施是： ①防触电伤害。A. 作业人员与带电部位保持最小 0.7m 的安全距离，并设专人监护。B. 严防误登、误操作。控制措施：登杆前核对线路双重	《电力安全工作规程》6.2

序号	内容	标　　准	参照依据
5	召开班前会	名称及杆号、台区名称，确认无误后方可登杆，设专人监护以防误登、误操作。 ②防高空坠落。控制措施：A. 作业人员登杆前，检查登杆工具是否安全可靠，确认无误后方可登杆；B. 作业人员登杆时做到："脚踩稳、手扒牢、一步一步慢登高，到达位置第一要，安全皮带系牢靠"；C. 安全带应系在牢固可靠的构件上，工作位置转换后，应及时系好安全带。 ③防高空坠物伤人。控制措施：A. 地勤人员尽量避免停留在杆下；B. 地勤人员戴好安全帽；C. 工具材料用绳索传递，尽量避免高空坠物；D. 操作跌落丝具时，操作人员应选好操作位置，防止丝具管跌落伤人。 （3）交代工作任务，进行人员分工，明确专责监护人的监护范围和被监护人及其安全责任等。	《电力安全工作规程》 6.2
6	准备材料设备工器具	（1）设备：准备 10kV 柱上避雷器，并经试验合格。 （2）材料：准备避雷器引线、接地线及固定螺丝。 （3）工器具：准备下列工器具，要求：质量合格、安全可靠、数量满足需要。 ①停电操作工具：10kV 绝缘杆，10kV、0.4kV 验电器，高低压接地线，绝缘手套、绝缘靴子、标示牌等。	《电力安全工作规程》 2.3 4.2

序号	内 容	标　　　准	参照依据
6	准备材料设备工器具	②登高工具：脚扣或踩板、安全帽、安全带等。 ③防护用具：防护服、绝缘鞋、手套、安全遮拦等。 ④个人五小工具：电工钳、扳手、螺丝刀、小榔头、小绳等。	《电力安全工作规程》 2.3 4.2
7	出发前检查	出发前由工作负责人检查： （1）检查人数、人员精神状态及身体状况。 （2）检查所带材料设备是否规格型号正确、质量合格、数量满足需要。 （3）检查所带工器具是否质量合格、安全可靠、数量满足需要。 （4）检查交通工具是否良好，行车证照是否齐全。	
8	停电操作与许可工作	（1）到达现场后，工作负责人核对线路双重名称及杆号、核对变压器台区名称，确认无误后，通知现场工作许可人（变压器运行部门人员或本班组人员）停电并布置现场安全措施。 （2）工作许可人接到工作负责人通知后，通知操作人按照已填写的"配电变压器台区停送电操作程序卡片"所列顺序进行停电操作，监护人监护。 （3）上述停电操作完成后，工作许可人向工作负责人下达许可工作命令。	

序号	内容	标　　　　准	参照依据
9	宣读工作票	工作负责人在接到工作许可人许可工作的命令后，列队宣读工作票。 （1）交代停电范围及保留带电设备和带电部位，明确危险点及控制措施，补充其它安全注意事项。 （2）明确工作任务、提出工艺质量要求，明确专责监护人的监护范围和被监护人及其安全责任。 （3）现场提问1～2名作业人员，确认所有作业人员都清楚安全措施、明白工作内容后，所有作业人员在工作票上签名。 （4）工作负责人下令开始工作。	《电力安全工作规程》 2.4 4.2.4
10	更换避雷器	（1）登杆前检查（三确认）： ①作业人员核对线路名称及杆号、台区名称，确认无误后方可登杆。 ②作业人员观测估算电杆埋深及裂纹情况，确认稳固后方可登杆。 ③作业人员检查登高工具是否安全可靠，确认无误后方可登杆。 （2）登杆作业： ①作业人员登杆，用小绳拴在避雷器上，拆掉避雷器上下接线和固定螺丝，将避雷器吊下地面。 ②地勤人员将新避雷器拴在小绳上，杆上人员吊上避雷器，先固定在支架上，再接好上下引线（上引线一般采用铜芯绝缘线，截面不小于$10\mathrm{mm}^2$，上引线要求短而直）。检查无误后即可下杆。	《电力安全工作规程》 6.2

序号	内 容	标　　准	参照依据
11	检查验收	（1）施工作业结束后，工作负责人依据施工验收规范对施工工艺、质量进行自查验收，合格后，命令作业人员撤离现场。 （2）通知运行单位进行验收。	《施工验收规范》
12	工作终结与恢复送电	（1）检查验收合格后： ①工作负责人检查确认变压器上、台架上无遗留的材料、工具等，将全体作业人员集中一处，宣布："本台区工作已全部结束，台架上视同带电，任何人不得再登台作业"。 ②工作负责人向工作许可人汇报：本台区工作全部结束，工作人员已全部撤离，经检查确认可以拆除安全措施、恢复送电。 （2）工作许可人接到工作负责人通知后，检查确认人员全部撤离现场，配变及台架上无遗留物后，通知操作人进行送电操作，操作人在监护人的监护下，按照"配电变压器台区停送电操作程序卡片"所列顺序进行送电操作。	
13	召开班后会	工作结束后，工作负责人组织全体施工人员召开班后会，总结工作经验和存在的问题，制定改进措施。	
14	资料归档	整理完善施工记录资料，移交运行部门归档妥善保管。	

二十三、更换配电变压器低压断路器

(一) 更换配电变压器低压断路器标准作业流程图

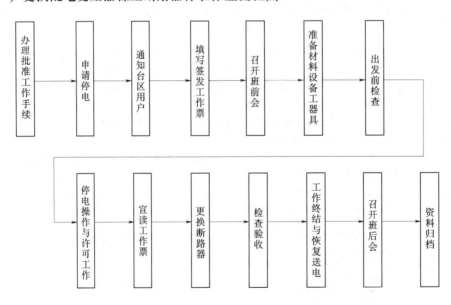

（二）更换配电变压器低压断路器标准作业流程

序号	内容	标　　准	参照依据
1	办理批准工作手续	检修班组根据设备电压等级向主管部门提出工作申请，经批准方可进行工作（主管部门应以书面形式批准工作）。	
2	申请停电	由变压器运行部门或检修班组向变压器运行管理部门申请停电，办理停电申请手续。	
3	通知台区用户	停电日期确定后，由用户管理部门提前7天（计划停电时）将具体停电时间通知用户，并做好记录。	"供电服务十项承诺"
4	填写签发工作票	由工作负责人填写"电力线路第一种工作票（配电变压器台区工作专用票）"，经工作票签发人审核签字、工作负责人认可并签字后，一份留存工作票签发人或工作许可人处，另一份应提前交给工作负责人。	《电力安全工作规程》2.3 4.2
5	召开班前会	检修作业开始前，由现场工作负责人召开全体检修人员会议，进行技术交底和安全交底，分配工作任务。 （1）技术交底：工作负责人向全体检修人员交代检修方案、检修工艺、质量要求、作业注意等事项。 （2）安全交底：工作负责人向全体检修人员交代检修作业危险点及控制措施，该项工作主要的危险点及控制措施是： ①防触电伤害。A. 作业人员与带电部位保持最小0.7m的安全距离，并设专人监护。B. 严防误登、误操作。控制措施：登杆前核对线路双重	《电力安全工作规程》6.2

序号	内容	标　　准	参照依据
5	召开班前会	名称及杆号、台区名称，确认无误后方可登杆，设专人监护以防误登、误操作。 ②防高空坠落。控制措施：A. 作业人员登杆前，检查登杆工具是否安全可靠，确认无误后方可登杆；B. 作业人员登杆时做到："脚踩稳、手扒牢、一步一步慢登高，到达位置第一要，安全皮带系牢靠"；C. 安全带应系在牢固可靠的构件上，工作位置转换后，应及时系好安全带。 ③防高空坠物伤人。控制措施：A. 地勤人员尽量避免停留在杆下；B. 地勤人员戴好安全帽；C. 工具材料用绳索传递，尽量避免高空坠物；D. 操作跌落丝具时，操作人员应选好操作位置，防止丝具管跌落伤人。 （3）交代工作任务，进行人员分工，明确专责监护人的监护范围和被监护人及其安全责任等。	《电力安全工作规程》6.2
6	准备材料设备工器具	（1）材料：准备铜芯橡皮线、固定断路器螺丝等备用。要求规格型号正确、质量合格、数量满足需要。 （2）设备：准备低压断路器。 （3）工器具：准备下列工器具，要求质量合格、安全可靠、数量满足需要。 ①停电操作工具：10kV 绝缘杆，10kV、0.4kV 验电器，高低压接地线，绝缘手套、绝缘靴子、标示牌等。	

序号	内容	标　　　准	参照依据
6	准备材料设备工器具	②登高工具：脚扣或踩板、安全帽、安全带等。 ③防护用具：防护服、绝缘鞋、手套、安全遮拦等。 ④个人五小工具：电工钳、扳手、螺丝刀、小榔头、小绳等。	
7	出发前检查	出发前由工作负责人检查： （1）检查人数、人员精神状态及身体状况。 （2）检查所带材料、设备是否规格型号正确、质量合格、数量满足需要。 （3）检查所带工器具是否质量合格、安全可靠、数量满足需要。 （4）检查交通工具是否良好，行车证照是否齐全。	
8	停电操作与许可工作	（1）到达现场后，工作负责人核对线路双重名称及杆号、核对变压器台区名称，确认无误后，通知现场工作许可人（变压器运行部门人员或本班组人员）停电并布置现场安全措施。 （2）工作许可人接到工作负责人通知后，通知操作人进行停电操作，操作人在监护人的监护下按照已填写的"配电变压器台区停送电操作程序卡片"所列顺序进行停电操作。 （3）上述停电操作完成后，工作许可人向工作负责人下达许可工作命令。	

序号	内 容	标　　　准	参照依据
9	宣读工作票	工作负责人在接到工作许可人许可工作的命令后，列队宣读工作票。 （1）交代停电范围及保留带电设备和带电部位，明确危险点及控制措施，补充其它安全注意事项。 （2）明确工作任务、提出工艺质量要求，明确专责监护人的监护范围和被监护人及其安全责任。 （3）现场提问1～2名作业人员，确认所有作业人员都清楚安全措施、明白工作内容后，所有作业人员在工作票上签名。 （4）工作负责人下令开始工作。	《电力安全工作规程》 2.4 4.2.4
10	更换断路器	（1）登杆前检查（三确认）： ①作业人员核对线路名称及杆号，确认无误后方可登杆。 ②作业人员观测估算电杆埋深及裂纹情况，确认稳固后方可登杆。 ③作业人员检查登高工具是否安全可靠，确认无误后方可登杆。 （2）登杆作业： ①作业人员登杆，用小绳拴在断器上，拆掉断路器两侧接线、外壳接地线和固定螺丝，将断路器吊下地面。 ②地勤人员将新断路器拴在小绳上，杆上人员吊上断路器，先固定在支架上，再接好两侧接线和外壳接地线，并检查无误。	《电力安全工作规程》 6.2 6.7

序号	内 容	标　　准	参照依据
11	检查验收	（1）检修作业结束后，工作负责人依据施工验收规范对检修工艺、质量进行自查验收，合格后，命令作业人员撤离现场。 （2）通知运行单位进行验收。	《施工验收规范》
12	工作终结与恢复送电	（1）检查验收合格后： ①工作负责人检查确认变压器上，台架上无遗留的材料、工具等，将全体作业人员集中一处，宣布："本台区工作已全部结束，台架上视同带电，任何人不得再登台作业"。 ②工作负责人向工作许可人汇报：本台区工作全部结束，工作人员已全部撤离，经检查确认台架上无遗留物，可以拆除安全措施、恢复送电。 （2）工作许可人接到工作负责人通知后，检查确认人员全部撤离现场，配变及台架上无遗留物后，通知操作人进行送电操作，操作人在监护人的监护下，按照"配电变压器台区停送电操作程序卡片"所列顺序进行送电操作。	
13	召开班后会	工作结束后，工作负责人组织全体检修人员召开班后会，总结工作经验和存在的问题，制定改进措施。	
14	资料归档	整理完善检修记录资料，移交运行部门归档妥善保管。	

二十四、调节配电变压器分接开关测试直流电阻绝缘电阻

(一) 调节配电变压器分接开关测试直流电阻绝缘电阻标准作业流程图

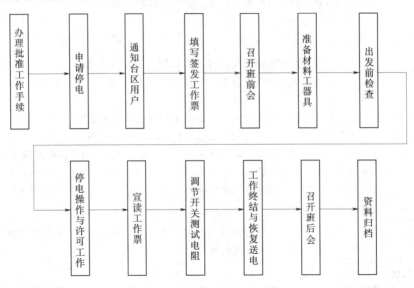

（二）调节配电变压器分接开关测试直流电阻绝缘电阻标准作业流程

序号	内容	标　　准	参照依据
1	办理批准工作手续	测试班组根据设备电压等级向主管部门提出工作申请，经批准方可进行工作（主管部门应以书面形式批准工作）。	
2	申请停电	由变压器运行部门或测试班组向变压器运行管理部门申请停电，办理停电申请手续。	
3	通知用户	停电日期确定后，由用户管理部门提前 7 天（计划停电时）将具体停电时间通知用户，并做好记录。	"供电服务十项承诺"
4	填写签发工作票	由工作负责人填写"电力线路第一种工作票（配电变压器台区工作专用票）"，经工作票签发人审核签字、工作负责人认可并签字后，一份留存工作票签发人或工作许可人处，另一份应提前交给工作负责人。	
5	召开班前会	测试作业开始前，由现场工作负责人召开全体测试人员会议，进行技术交底和安全交底，分配工作任务。 （1）技术交底：工作负责人向全体测试人员交代测试方案、测试工艺、质量要求、作业注意等事项。 （2）安全交底：工作负责人向全体测试人员交代测试作业危险点及控制措施，该项工作主要的危险点及控制措施是： ①防触电伤害。A. 作业人员与带电部位保持最小 0.7m 的安全距离，并设专人监护。B. 严防误登、误操作。控制措施：登杆前核对线路双重	《电力安全工作规程》2.3 6.2

序号	内　容	标　　　准	参照依据
5	召开班前会	名称及杆号、变压器台区名称，确认无误后方可登杆，设专人监护以防误登、误操作。C. 测量绝缘电阻时，严禁作业人员直接触及摇表线及测试相绝缘套管、桩头。 　　②防高空坠落。控制措施：A. 作业人员登杆前，检查登杆工具是否安全可靠，确认无误后方可登杆；B. 安全带应系在牢固可靠的构件上，工作位置转换后，应及时系好安全带。 　　（3）交代工作任务，进行人员分工，明确专责监护人的监护范围和被监护人及其安全责任等。	《电力安全工作规程》 2.3 6.2
6	准备材料工器具	（1）材料：准备纱布或抹布。 　　（2）工器具：准备下列工具，要求规格型号正确、质量合格、安全可靠、数量满足需要。 　　①停电操作工具：10kV 绝缘杆，10kV、0.4kV 验电器，高低压接地线，绝缘手套、绝缘靴子、标示牌等。 　　②登高工具：脚扣或踩板、安全帽、安全带等。 　　③防护用具：防护服、绝缘鞋、手套、安全遮拦等。 　　④个人五小工具：电工钳、扳手、螺丝刀、小榔头、小绳等。 　　⑤其他工具：万用表、2500V 绝缘摇表、电桥（变压器直流电阻测试仪）。	《电力安全工作规程》 2.3 4.2

序号	内　容	标　　　准	参照依据
7	出发前检查	出发前由工作负责人检查： （1）检查人数、人员精神状态及身体状况。 （2）检查所带工器具是否规格型号正确质量合格、安全可靠。 （3）检查交通工具是否良好，行车证照是否齐全。	
8	停电操作与许可工作	（1）到达现场后，工作负责人核对线路双重名称及杆号、核对变压器台区名称，确认无误后，通知现场工作许可人（变压器运行部门人员或本班组人员）停电并布置现场安全措施。 （2）工作许可人接到工作负责人通知后，通知操作人进行停电操作，操作人在监护人的监护下按照已填写的"配电变压器台区停送电操作程序卡片"所列顺序进行停电操作。 （3）上述停电操作完成后，工作许可人向工作负责人下达许可工作命令。	
9	宣读工作票	工作负责人在接到工作许可人许可工作的命令后，列队宣读工作票。 （1）交代停电范围及保留带电设备和带电部位，明确危险点及控制措施，补充其它安全注意事项。 （2）明确工作任务、提出工艺质量要求，明确专责监护人的监护范围和被监护人及其安全责任。	《电力安全工作规程》2.4 4.2.4

序号	内容	标　　　准	参照依据
9	宣读工作票	（3）现场提问 1~2 名作业人员，确认所有作业人员都清楚安全措施、明白工作内容后，所有作业人员在工作票上签名。 （4）工作负责人下令开始工作。	《电力安全工作规程》 2.4 4.2.4
10	调节分接开关测试直流电阻绝缘电阻	（1）登杆前检查（三确认）： ①作业人员核对线路名称及杆号，确认无误后方可登杆。 ②作业人员观测估算电杆埋深及裂纹情况，确认稳固后方可登杆。 ③作业人员检查登高工具是否安全可靠，确认无误后方可登杆。 （2）登台架作业：测试作业应在气温 5℃ 以上，天气晴朗、空气湿度不超过 75％的环境下进行。 1）调节分接开关： ①作业人员拆开变压器一、二次接线、接地线，记录好相位。 ②查看并记录变压器当时的运行档位。 ③调整分接开关至需要档位。 2）测量直流电阻： ①用电流电压表法或平衡电桥法分别测量变压器各相直流电阻。 ②分析判断三相绕组直流电阻是否平衡。 3）测量绝缘电阻：	《电力安全工作规程》 4.3 6.2 7.1

序号	内 容	标 准	参照依据
10	调节分接开关测试直流电阻绝缘电阻	①擦净套管，使用 2500V 绝缘摇表进行测试，顺序是一次对地、一次对二次、二次对地。 ②恢复变压器一、二次接线及接地线，保证接点接触良好。 ③作业人员检查无误后，工作负责人进行再检查，确认无误后，命令测试人员撤离台架。	《电力安全工作规程》 4.3 6.2 7.1
11	工作终结与恢复送电	（1）检查验收合格后： ①工作负责人检查确认变压器上、台架上无遗留的材料、工具等，将全体作业人员集中一处，宣布："本台区工作已全部结束，台架上视同带电，任何人不得再登台作业"。 ②工作负责人向工作许可人汇报：本台区工作全部结束，工作人员已全部撤离，经检查确认台架上无遗留物，可以拆除安全措施、恢复送电。 （2）工作许可人接到工作负责人通知后，检查确认人员全部撤离现场，配变及台架上无遗留物后，通知操作人进行送电操作，操作人在监护人的监护下，按照"配电变压器台区停送电操作程序卡片"所列顺序进行送电操作。 （3）侧耳细听变压器声音正常后，即可结束工作。	
12	召开班后会	工作结束后，工作负责人组织全体测试人员召开班后会，总结工作经验和存在的问题，制定改进措施。	
13	资料归档	整理完善测试记录资料，移交运行部门归档妥善保管。	

二十五、测量 10kV 及以下线路导线对被跨越物垂直距离

(一) 测量 10kV 及以下线路导线对被跨越物垂直距离标准作业流程图

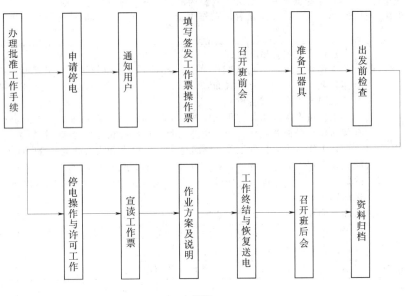

（二）测量 10kV 及以下线路导线对被跨越物垂直距离标准作业流程

序号	内容	标　　　准	参照依据
1	办理批准工作手续	测量班组根据线路电压等级向主管部门提出工作申请，经批准方可进行工作（主管部门应以书面形式批准工作）。测量交叉跨越距离可采取停电和带电两种方案，本作业流程按停电方案考虑，如带电测量可省去停复电联系各环节。	
2	申请停电	测量日期确定后，应提前一天送达书面停电申请。 （1）馈路停电：由线路运行部门办理停电申请手续，经生产主管或调度部门审批签字后，送达调度或变电站值班员。 （2）线路部分停电或支线停电：由线路运行部门或工作班组向线路运行管理部门申请停电并办理停电申请手续，经生产主管部门审批签字后，由批准申请部门和申请部门各保留一份。 （3）如停电作业需其他单位（包括用户）线路配合停电时，应由工作单位事先联系，送达书面停电申请，取得配合停电单位的同意，并要求配合停电单位做好停电、接地等安全措施。	
3	通知用户	停电日期确定后，由生产调度部门或用户管理部门提前 7 天（计划停电时）将具体停电时间电话或书面通知用户，并将通知人及用户接受通知人的姓名、通知时间等记入记录，以备查询。	"供电服务十项承诺"

序号	内容	标　　准	参照依据
4	填写签发工作票操作票	（1）工作票的填写与签发：由工作负责人根据工作性质提前一天（临时停电工作除外）填写"电力线路第一种工作票"（测量低压线路时，应填写"低压第一种工作票"），经工作票签发人审核签字、工作负责人认可并签字后，一份留存工作票签发人或工作许可人处，另一份应提前交给工作负责人。 （2）操作票的填写与审核：由倒闸操作人根据发令人（值班调度员、变电站值班人员或设备运行部门人员）的操作指令，填写或打印倒闸操作票，操作人和监护人应根据模拟图或接线图核对所填写的操作项目和程序是否正确，确认无误后分别签名（事故应急处理和拉合开关或丝具的单一操作可以不使用操作票）。	《电力安全工作规程》2.3 4.2 《农村低压电气安全工作规程》5.1.1
5	召开班前会	由现场工作负责人向测量人员交待测量方法和安全措施。如带电测量时，应采用绝缘测量工具，严禁使用皮尺、普通绳索、线尺等非绝缘工器具进行测量。带电测量时，应检查确认绝缘工器具绝缘是否良好，并设专人监护。	《电力安全工作规程》

序号	内容	标　　准	参照依据
6	准备工器具	测量线路交叉跨越距离可采用带电或停电进行。其工具可根据测量方法来准备。 （1）采用测高仪测量（停、带电通用）。 （2）采用测高标杆测量（标杆带刻度），带电测量时，测杆应绝缘良好，并经试验合格。 （3）采用经纬仪测量（停、带电通用），应准备标杆、测绳或皮圈尺（测绳或皮圈尺仅限地面使用，无须绝缘）。 （4）采用绝缘测绳测量，带电测量时，测绳应绝缘良好，并经试验合格。 无论采用何种方法，都应准备测量记录，并做好记录。	
7	出发前检查	出发前由工作负责人检查： （1）检查人数、人员精神状态及身体状况。 （2）检查所带工器具是否质量合格、绝缘良好、安全可靠、数量满足需要。 （3）检查交通工具是否良好，行车证照是否齐全。	

序号	内 容	标　　　　准	参照依据
8	停电操作与许可工作	（1）馈路停电： 1）由变电站值班员根据调度命令或停电申请内容进行馈路停电操作（此操作必须填用"变电站倒闸操作票"，并按操作票所列程序进行操作），并做好接地等安全措施。 2）线路运行部门或工作班组停复电联系人（现场工作许可人）接到调度或变电站许可（第一次许可）工作的命令后，负责组织现场停电操作并做好安全措施，操作前负责核对线路双重名称及杆号，确认无误后，方可进行停电操作。以下操作按规定须用操作票时，应填用"电力线路倒闸操作票"，并按操作票所列程序进行操作。 ①断开需要现场操作的线路各端（含分支线）开关、刀闸或丝具。 ②断开危及线路停电作业，且不能采取相应措施的交叉跨越、平行或接近和同杆（塔）架设线路（包括外单位和用户线路）的开关、刀闸或丝具。 ③断开有可能返回低压电源和其他延伸至工作现场的低压线路电源开关。 ④在上述线路各端已断开的开关或刀闸的操作机构上应加锁；三相丝具的熔丝管应取下；并在上述开关、刀闸或丝具的操作机构醒目位置悬挂"线路有人工作，禁止合闸！"的标示牌。	《电力安全工作规程》 2.4 3.2 3.3 3.4 4.2

序号	内 容	标　　　　准	参照依据
8	停电操作与许可工作	⑤在线路各端（包括无断开点且有可能返送电的支线上）应逐一验电、挂接地线，在有可能产生感应电的地段加挂接地线。 　　上述停电、验电、挂接地线等安全措施完成后，现场工作许可人方可向工作负责人下达许可（第二次许可）工作的命令。 　　（2）线路部分停电或支线停电： 　　由线路运行部门或工作班组停复电联系人（现场工作许可人）负责组织现场停电操作并做好安全措施，操作前负责核对线路名称及杆号，确认无误后，方可进行停电操作。以下操作按规定须用操作票时，应填用"电力线路倒闸操作票"，并按操作票所列程序进行操作。 　　①先断开电源侧开关、刀闸或丝具，再断开需要现场操作的线路各端（含分支线）开关、刀闸或丝具。 　　②断开危及线路停电作业，且不能采取相应措施的交叉跨越、平行或接近和同杆（塔）架设线路（包括外单位和用户线路）的开关、刀闸或丝具。 　　③断开有可能返回低压电源和其他延伸至工作现场的低压线路电源开关。 　　④在上述线路各端已断开的开关或刀闸的操作机构上应加锁；三相丝具的熔丝管应取下；并在上述开关、刀闸或丝具的操作机构醒目位置悬	《电力安全工作规程》 2.4 3.2 3.3 3.4 4.2

序号	内　容	标　　　准	参照依据
8	停电操作与 许可工作	挂"线路有人工作，禁止合闸!"的标示牌。 ⑤在线路各端（包括无断开点且有可能返送电的支线上）应逐一验电、挂接地线，在有可能产生感应电的地段加挂接地线。 　　上述停电、验电、挂接地线等安全措施完成后，现场工作许可人方可向工作负责人下达许可工作的命令。 　　(3) 低压线路停电： 　　由线路运行部门人员或工作班组人员担任现场工作许可人，现场工作许可人负责核对并确认变压器台区名称和停电线路名称，组织停电操作并布置现场安全措施。 　　①拉开台区变压器低压总开关或分路开关，摘下熔丝管，在开关线路侧验电、挂接地线，在开关把手醒目位置悬挂"线路有人工作，禁止合闸!"的标示牌。如开关在室（箱）内，则配电室（箱）应加锁。以上安全措施完成后，工作许可人向工作负责人下达许可工作的命令。 　　②工作负责人接到工作许可人许可工作的命令后，下令开始工作。 　　(4) 工作许可人在向工作负责人发出许可工作的命令前，应将工作班组名称、数目、工作负责人姓名、工作地点和工作任务等记入记录簿内。	《电力安全工作规程》 2.4 3.2 3.3 3.4 4.2

序号	内 容	标 准	参照依据
8	停电操作与 许可工作	（5）许可开始工作的命令，应由工作许可人亲自下达给工作负责人。电话下达时，工作许可人及工作负责人应记录清楚明确，并复诵核对无误；当面下达时，工作许可人和工作负责人都应在工作票上记录许可时间，并签名（如现场工作许可人不直接参与监护或操作，而由他人监护和操作时，现场工作许可人必须在现场亲自目睹操作全过程，并确认操作结果）。 　　（6）填用第一种工作票进行工作，工作负责人应在得到全部工作许可人的许可后，方可开始工作。所谓全部工作许可人，是指直接向工作负责人下达许可工作命令的所有工作许可人。 　　1）馈路停电时，工作许可人包括： 　　①调度或变电站值班员（工作负责人直接担任停复电联系人）或中间停复电联系人（经中间停复电联系人向工作负责人下达许可工作的命令）。 　　②若干个现场工作许可人（实施现场各方停电操作人或操作负责人）。 　　③外单位或用户工作许可人（外单位或用户线路配合停电的联系人）。 　　2）线路部分停电或支线停电时，工作许可人包括： 　　①若干个现场工作许可人（实施现场各方停电操作人或操作负责人）。 　　②外单位或用户工作许可人（外单位或用户线路配合停电的联系人）。	《电力安全 工作规程》 2.4 3.2 3.3 3.4 4.2

序号	内容	标　　　准	参照依据
9	宣读工作票	工作负责人在得到全部工作许可人许可工作的命令后， (1) 认真核对线路双重名称及杆号，并确认无误。 (2) 列队宣读工作票： ①交代工作任务，明确工作内容及工艺质量要求。 ②交代安全措施，明确停电范围及保留带电设备及带电部位，告知危险点及现场采取的安全措施，补充其他安全注意事项。 ③明确人员分工及安全责任，根据工作性质和危险程度，如设专人监护时，应明确专责监护人的监护范围和被监护人及其安全责任；如分组作业时，应明确指定小组工作负责人（监护人），并使用工作任务单。 ④现场提问1～2名作业人员，确认所有作业人员都清楚安全措施、明白工作内容后，所有作业人员在工作票上签名。 ⑤工作负责人下令开始工作。	《电力安全工作规程》 2.3 2.5
10	测量方法及说明	(1) 停电测量是指被测量的上、下方电力线路全部停电，所采用的测量工具（测绳、皮尺、绝缘杆等）可不要求绝缘。 (2) 带电测量是指被测量的上、下方电力线路均不停电，所采用的测量工具（与导线接触的测绳、绝缘杆等）必须绝缘，并经试验合格。	《电力安全工作规程》 6.2

序号	内 容	标 准	参照依据
10	测量方法及说明	（3）如使用经纬仪或其他（不与线路直接接触，如测高仪等）工具测量时，则任何情况下都可以进行测量，建议使用经纬仪或测高仪测量最为安全亦减少停电。 （4）经纬仪测量方法：作业人员在两条线路导线交叉点垂直下方地面找出投影点，插上标杆，在距标杆一定距离（最好是整数）处架设经纬仪，调好水平后，将镜头对准标杆，固定水平度盘。松开垂直度盘，上扬镜头对准上方线路导线，在垂直度盘上读出第一个仰角度数（做好记录），再下转镜头对准下方线路导线，在垂直度盘上读出第二个仰角度数（做好记录），再用正切三角函数计算出两个数据，数据相减之差即为两条线路导线垂直交叉距离，如要知道两条线路导线对地距离，则用两个垂直距离数据分别加上经纬仪高度即可。	《电力安全工作规程》6.2
11	工作终结与恢复送电	（1）停电作业结束后，工作负责人应履行下列职责： 1）工作负责人认为工作已结束，并在得到所有小组负责人工作结束的汇报后，应检查确认在导线上没有遗留的工具、材料等，检查清点并确认全部作业人员已撤离现场，将全部作业人员集中一处，宣布："××线路已视同带电，禁止任何人再登杆作业"，如个别作业人员不能集中时，工作负责人必须设法通知到本人。	《电力安全工作规程》2.7

序号	内容	标　　准	参照依据
11	工作终结与恢复送电	2）工作负责人分别向全部工作许可人汇报： ①对调度或变电站值班员（工作许可人）、或运检分设，对线路运行部门现场工作许可人的汇报："工作负责人×××向你汇报，××单位××班组在×处（说明起止杆号、分支线路名称等）停电工作已全部结束，本班组作业人员已全部撤离现场，经检查确认线路上无遗留物，××线路可以恢复送电"。 ②运检合一，对本班组现场工作许可人的汇报："××班组在××线路上×处（说明起止杆号、分支线路名称等）停电工作已全部结束，作业人员已全部撤离线路，经检查确认线路上无遗留物，可拆除接地线等安全措施，恢复线路供电"。 ③对外单位或用户配合停电工作许可人的汇报："工作负责人×××向你汇报，××单位××班组停电工作已全部结束，你单位配合停电的线路可恢复送电"。 （2）停电工作结束后，各方工作许可人应履行下列职责： ①调度或变电站值班员（工作许可人）在接到所有工作负责人（包括用户）的完工报告后，与记录簿核对工作班组名称和工作负责人姓名，确认无误后，拆除安全措施，恢复送电（送电操作应填用"变电站倒闸操作票"，并按操作票所列程序进行操作）。	《电力安全工作规程》2.7

序号	内容	标　　　准	参照依据
11	工作终结与恢复送电	②运检分设，线路运行部门现场工作许可人在接到所有工作负责人（包括用户）的完工报告后，与记录簿核对工作班组名称和工作负责人姓名，确认无误后，检查确认全部工作结束，全部工作人员已撤离线路，下令拆除接地线等现场安全措施，全部安全措施拆除后，核对清点接地线、标示牌数目，确认无误后，合上线路各端断开的开关、刀闸或丝具，恢复线路供电（以上操作按规定须用操作票时，应填用"电力线路倒闸操作票"，并按操作票所列程序进行操作）。 ③运检合一，本班组现场工作许可人在接到本班组工作负责人已完工可拆除安全措施、恢复线路供电的报告后，与记录簿核对工作班组名称和工作负责人姓名，检查确认全部工作已结束、全部工作人员已撤离线路、线路上无遗留物后，组织拆除接地线等安全措施，全部安全措施拆除完毕后，核对清点接地线、标示牌数目，确认无误后，合上线路各端断开的开关、刀闸或丝具，恢复线路供电（以上操作按规定须用操作票时，应填用"电力线路倒闸操作票"，并按操作票所列程序进行操作）。 （3）低压线路停电工作结束、恢复送电可参照以上程序进行。	《电力安全工作规程》2.7
12	召开班后会	工作结束后，工作负责人组织全体工作人员召开班后会，总结工作经验和存在的问题，制定改进措施。	
13	资料归档	测量单位技术人员将测量结果以书面形式移交给运行单位存档。	

二十六、测试 10kV 线路绝缘

(一) 测试 10kV 线路绝缘标准作业流程图

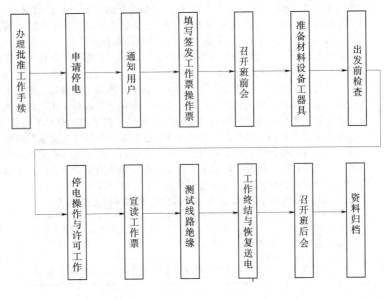

(二) 测试 10kV 线路绝缘标准作业流程

序号	内 容	标　　准	参照依据
1	办理批准工作手续	测试班组根据线路电压等级向主管部门提出工作申请，经批准方可进行工作（主管部门应以书面形式批准工作）。	
2	申请停电	测试日期确定后，应提前一天送达书面停电申请。 （1）馈路停电：由线路运行部门办理停电申请手续，经生产主管或调度部门审批签字后，送达调度或变电站值班员。 （2）线路部分停电或支线停电：由线路运行部门或测试班组向线路运行管理部门申请停电并办理停电申请手续，经生产主管部门审批签字后，由批准申请部门和申请部门各保留一份。	
3	通知用户	停电日期确定后，由生产调度部门或用户管理部门提前 7 天（计划停电时）将具体停电时间电话或书面通知用户，并将通知人及用户接受通知人的姓名、通知时间等记入记录，以备查询。	"供电服务十项承诺"
4	填写签发工作票操作票	（1）工作票的填写与签发：由工作负责人根据工作性质提前一天（临时停电工作除外）填写"电力线路第一种工作票"，经工作票签发人审核签字、工作负责人认可并签字后，一份留存工作票签发人或工作许可人处，另一份应提前交给工作负责人。	《电力安全工作规程》 2.3 4.2

序号	内 容	标　　　准	参照依据
4	填写签发工作票操作票	（2）操作票的填写与审核：由倒闸操作人根据发令人（值班调度员、变电站值班人员或设备运行部门人员）的操作指令，填写或打印倒闸操作票，操作人和监护人应根据模拟图或接线图核对所填写的操作项目和程序是否正确，确认无误后分别签名。（事故应急处理和拉合开关或丝具的单一操作可以不使用操作票）。	《电力安全工作规程》2.3　4.2
5	召开班前会	测试作业开始前，由现场工作负责人召开全体测试人员会议，进行技术交底和安全交底，分配工作任务。 （1）技术交底：工作负责人向全体测试人员交代测试方案及作业注意事项。 （2）安全交底：工作负责人向全体测试人员交代测试作业危险点及控制措施，该项工作主要的危险点及控制措施是： ①防触电伤害。A. 严防误登、误操作。控制措施：登杆前核对线路双重名称及杆号，确认无误后方可登杆，设专人监护以防误登、误操作。B. 严防返送电源和感应电。控制措施：拉开有可能返送电的线路开关或丝具，并挂接地线，在有可能产生感应电的地段加挂接地线或使用个人保安线。C. 严防人体接触摇表线。控制措施：作业人员戴绝缘手套。	《电力安全工作规程》2.3　6.2

序号	内容	标　　　准	参照依据
5	召开班前会	②防高空坠落。控制措施：A. 作业人员登杆前，检查登杆工具是否安全可靠，确认无误后方可登杆；B. 作业人员登杆时做到："脚踩稳、手扒牢、一步一步慢登高，到达位置第一要，安全皮带系牢靠"；C. 安全带应系在牢固可靠的构件上，工作位置转换后，应及时系好安全带。 ③防高空坠物伤人。控制措施：A. 地勤人员尽量避免停留在杆下；B. 地勤人员戴好安全帽；C. 工具材料用绳索传递，尽量避免高空坠物；D. 操作跌落丝具时，操作人员应选好操作位置，防止丝具管跌落伤人。 ④防电杆倾倒伤人。控制措施：作业人员登杆前，观测估算电杆埋深及裂纹情况，确认稳固后方可登杆作业，必要时打临时拉线。 （3）交代工作任务，进行人员分工，明确专责监护人的监护范围和被监护人及其安全责任等。	《电力安全工作规程》2.3 6.2
6	准备材料工器具	（1）材料：准备绝缘子、扎线等，要求规格型号正确、质量合格、数量满足需要。 （2）工器具：准备下列工器具，要求质量合格、安全可靠、数量满足需要。 ①停电操作工具：绝缘杆、验电器、高压发生器、接地线、绝缘手套、绝缘靴子、标示牌等。 ②登高工具：脚扣或踩板、安全帽、安全带等。 ③防护用具：个人保安线、防护服、绝缘鞋、手套等。 ④个人五小工具：电工钳、扳手、螺丝刀、小榔头、小绳等。 ⑤其它工具：2500V绝缘摇表及表线、接地钎等。	

序号	内 容	标　　　准	参照依据
7	出发前检查	出发前由工作负责人检查： （1）检查人数、人员精神状态及身体状况。 （2）检查所带材料是否规格型号正确、质量合格、数量满足需要。 （3）检查所带工器具是否规格型号正确、质量合格、安全可靠、数量满足需要。 （4）检查交通工具是否良好，行车证照是否齐全。	
8	停电操作与许可工作	（1）馈路停电： 　1）由变电站值班员根据调度命令或停电申请内容进行馈路停电操作（此操作必须填用"变电站倒闸操作票"，并按操作票所列程序进行操作），并做好接地等安全措施。 　2）线路运行部门或工作班组停复电联系人（现场工作许可人）接到调度或变电站许可（第一次许可）工作的命令后，负责组织现场停电操作并做好安全措施，操作前负责核对线路双重名称及杆号，确认无误后，方可进行停电操作。以下操作按规定须用操作票时，应填用"电力线路倒闸操作票"，并按操作票所列程序进行操作。 　①断开需要现场操作的线路各端（含分支线）开关、刀闸或丝具。 　②断开危及线路停电作业，且不能采取相应措施的交叉跨越、平行或接近和同杆（塔）架设线路（包括外单位和用户线路）的开关、刀闸或丝具。	《电力安全工作规程》 2.4 3.2 3.3 3.4 4.2

序号	内容	标　　　　准	参照依据
8	停电操作与许可工作	③断开有可能返回低压电源和其他延伸至施工现场的低压线路电源开关。 ④在上述线路各端已断开的开关或刀闸的操作机构上应加锁；三相丝具的熔丝管应取下；并在上述开关、刀闸或丝具的操作机构醒目位置悬挂"线路有人工作，禁止合闸！"的标示牌。 ⑤在线路各端（包括无断开点且有可能返送电的支线上）应逐一验电、挂接地线，在有可能产生感应电的地段加挂接地线。 上述停电、验电、挂接地线等安全措施完成后，现场工作许可人方可向工作负责人下达许可（第二次许可）工作的命令。 （2）线路部分停电或支线停电： 由线路运行部门或工作班组停复电联系人（现场工作许可人）负责组织现场停电操作并做好安全措施，操作前负责核对线路名称及杆号，确认无误后，方可进行停电操作。以下操作按规定须用操作票时，应填用"电力线路倒闸操作票"，并按操作票所列程序进行操作。 ①先断开电源侧开关、刀闸或丝具，再断开需要现场操作的线路各端（含分支线）开关、刀闸或丝具。 ②断开危及线路停电作业，且不能采取相应措施的交叉跨越、平行或接近和同杆（塔）架设线路（包括外单位和用户线路）的开关、刀闸或丝具。	《电力安全工作规程》 2.4 3.2 3.3 3.4 4.2

序号	内　容	标　　准	参照依据
8	停电操作与许可工作	③断开有可能返回低压电源和其它延伸至工作现场的低压线路电源开关。 ④在上述线路各端已断开的开关或刀闸的操作机构上应加锁；三相丝具的熔丝管应取下；并在上述开关、刀闸或丝具的操作机构醒目位置悬挂"线路有人工作，禁止合闸！"的标示牌。 ⑤在线路各端（包括无断开点且有可能返送电的支线上）应逐一验电、挂接地线，在有可能产生感应电的地段加挂接地线。 上述停电、验电、挂接地线等安全措施完成后，现场工作许可人方可向工作负责人下达许可工作的命令。 （3）工作许可人在向工作负责人发出许可工作的命令前，应将工作班组名称、数目、工作负责人姓名、工作地点和工作任务等记入记录簿内。 （4）许可开始工作的命令，应由工作许可人亲自下达给工作负责人。电话下达时，工作许可人及工作负责人应记录清楚明确，并复诵核对无误；当面下达时，工作许可人和工作负责人都应在工作票上记录许可时间，并签名（如现场工作许可人不直接参与监护或操作，而由他人监护和操作时，现场工作许可人必须在现场亲自目睹操作全过程，并确认操作结果）。 （5）填用第一种工作票进行工作，工作负责人应在得到全部工作许可人的许可后，方可开始工作。所谓全部工作许可人，是指直接向工作负责人下达许可工作命令的所有工作许可人。	《电力安全工作规程》 2.4 3.2 3.3 3.4 4.2

序号	内容	标　准	参照依据
8	停电操作与许可工作	1) 馈路停电时，工作许可人包括： ①调度或变电站值班员（工作负责人直接担任停复电联系人）或中间停复电联系人（经中间停复电联系人向工作负责人下达许可工作的命令）。 ②若干个现场工作许可人（实施现场各方停电操作人或操作负责人）。 ③外单位或用户工作许可人（外单位或用户线路配合停电的联系人）。 2) 线路部分停电或支线停电时，工作许可人包括： ①若干个现场工作许可人（实施现场各方停电操作人或操作负责人）。 ②外单位或用户工作许可人（外单位或用户线路配合停电的联系人）。	《电力安全工作规程》 2.4 3.2 3.3 3.4 4.2
9	宣读工作票	工作负责人在得到全部工作许可人许可工作的命令后， (1) 认真核对线路双重名称及杆号，并确认无误。 (2) 列队宣读工作票： ①交代工作任务，明确工作内容及工艺质量要求。 ②交代安全措施，明确停电范围及保留带电设备及带电部位，告知危险点及现场采取的安全措施，补充其它安全注意事项。	《电力安全工作规程》 2.3 2.5

序号	内容	标　　准	参照依据
9	宣读工作票	③明确人员分工及安全责任，根据工作性质和危险程度，如设专人监护时，应明确专责监护人的监护范围和被监护人及其安全责任；如分组作业时，应明确指定小组工作负责人（监护人），并使用工作任务单。 ④现场提问1~2名作业人员，确认所有作业人员都清楚安全措施、明白工作内容后，所有作业人员在工作票上签名。 ⑤工作负责人下令开始工作。	《电力安全工作规程》2.3 2.5
10	测试线路绝缘	根据测试计划或线路故障反映的情况，分析确定线路故障地段和故障相，然后分段进行测试。 (1) 登杆前检查（三确认）： ①作业人员核对线路名称及杆号，确认无误后方可登杆。 ②作业人员观测估算电杆埋深及裂纹情况，确认稳固后方可登杆。 ③作业人员检查登高工具是否安全可靠，确认无误后方可登杆。 (2) 摇测线路绝缘： ①作业人员登杆拆开某段故障相或三相线路两端引流线或支线T接线，拆开的线头不得接地。 ②将绝缘摇表安放在地面。一根表线一端与接地钎可靠连接，接地钎插入地面以下，另一端与摇表N接线柱连接，将另一根表线一端与金属探针可靠连接，探针固定在绝缘杆上顶端，另一头与摇表L接线柱连接。	《电力安全工作规程》6.2

序号	内 容	标　　　　准	参照依据
10	测试线路绝缘	③摇测时，一人手执绝缘杆，使探针与导线接触，另一人摇动摇表，观察读数并做好记录。 ④如故障相已确定，先测故障相（顺便可测一下非故障相，以便掌握绝缘水平），如故障相未确定，则应逐项摇测，以确定故障相。 ⑤如被测试段线路无接地（零值或低值），则应转向下一段继续摇测。如被测试段某相有接地，则应逐基杆摇测查找零值或低值绝缘子。确定后，将故障绝缘子换掉，再次摇测原故障相，以确定故障是否排除，否则继续查找，直到故障完全排除为止。 ⑥恢复线路引流线或 T 接线，测试工作结束。	《电力安全工作规程》6.2
11	工作终结与恢复送电	(1) 停电作业结束后，工作负责人应履行下列职责： 1）工作负责人认为工作已结束，并在得到所有小组负责人工作结束的汇报后，应检查线路施工地段的状况，确认在杆塔上、导线上、绝缘子串上及其他辅助设备上没有遗留的个人保安线、工具、材料等，检查清点并确认全部作业人员已由杆塔上撤离，将全部作业人员集中一处，宣布："××线路已视同带电，禁止任何人再登杆作业"，如个别作业人员不能集中时，工作负责人必须设法通知到本人。 2）工作负责人分别向全部工作许可人汇报：	《电力安全工作规程》2.7

序号	内 容	标　　　准	参照依据
11	工作终结与恢复送电	①对调度或变电站值班员（工作许可人）或运检分设，对线路运行部门现场工作许可人的汇报："工作负责人×××向你汇报，××单位××班组在×处（说明起止杆号、分支线路名称等）停电工作已全部结束，本班组作业人员已全部撤离现场，经检查确认线路上无遗留物，××线路可以恢复送电"。 ②运检合一，对本班组现场工作许可人的汇报："××班组在××线路上×处（说明起止杆号、分支线路名称等）停电工作已全部结束，作业人员已全部撤离线路，经检查确认线路上无遗留物，可拆除接地线等安全措施，恢复线路供电"。 ③对外单位或用户配合停电工作许可人的汇报："工作负责人×××向你汇报，××单位××班组停电工作已全部结束，你单位配合停电的线路可恢复送电"。 （2）停电工作结束后，各方工作许可人应履行下列职责： ①调度或变电站值班员（工作许可人）在接到所有工作负责人（包括用户）的完工报告后，与记录簿核对工作班组名称和工作负责人姓名，确认无误后，拆除安全措施，恢复送电（送电操作应填用"变电站倒闸操作票"，并按操作票所列程序进行操作）。	《电力安全工作规程》2.7

序号	内容	标　　　准	参照依据
11	工作终结与恢复送电	②运检分设，线路运行部门现场工作许可人在接到所有工作负责人（包括用户）的完工报告后，与记录簿核对工作班组名称和工作负责人姓名，确认无误后，检查确认全部工作结束，全部工作人员已撤离线路，下令拆除接地线等现场安全措施，全部安全措施拆除后，核对清点接地线、标示牌数目，确认无误后，合上线路各端断开的开关、刀闸或丝具，恢复线路供电（以上操作按规定须用操作票时，应填用"电力线路倒闸操作票"，并按操作票所列程序进行操作）。 ③运检合一，本班组现场工作许可人在接到本班组工作负责人已完工和可拆除安全措施、恢复线路供电的报告后，与记录簿核对工作班组名称和工作负责人姓名，检查确认全部工作已结束、全部工作人员已撤离线路、线路上无遗留物后，组织拆除接地线等安全措施，全部安全措施拆除完毕后，核对清点接地线、标示牌数目，确认无误后，合上线路各端断开的开关、刀闸或丝具，恢复线路供电（以上操作按规定须用操作票时，应填用"电力线路倒闸操作票"，并按操作票所列程序进行操作）。	《电力安全工作规程》2.7
12	召开班后会	测试工作结束后，工作负责人组织全体测试人员召开班后会，总结工作经验和存在的问题，制定改进措施。	
13	资料归档	整理完善测试记录，以书面形式移交给运行单位存档。	

二十七、测量配电变压器避雷器及其它电气设备接地装置接地电阻

(一) 测量配电变压器避雷器及其它电气设备接地装置接地电阻标准作业流程图

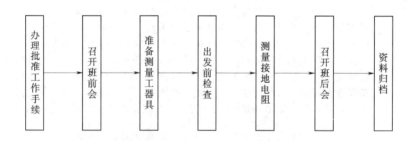

（二）测量配电变压器避雷器及其它电气设备接地装置接地电阻标准作业流程

序号	内容	标　　准	参照依据
1	办理批准工作手续	工作班组根据设备电压等级向主管部门提出工作申请，经批准方可进行工作（主管部门应以书面形式批准工作）。此项工作按口头或电话命令进行。	《电力安全工作规程》2.3.6
2	召开班前会	由现场工作负责人召开测量人员会议，进行安全交底和技术交底。此项工作的主要危险点及防范措施是：作业人员解开或恢复配电变压器和避雷器的接地引线时，应戴绝缘手套、穿绝缘靴，以防避雷器导电或变压器外壳带电而引起触电，严禁作业人员直接接触与地断开的接地引下线。	《电力安全工作规程》4.3
3	准备测量工器具	准备接地电阻测量仪（接地摇表）、表线及接地钎、个人五小工具（电工钳、扳手、螺丝刀、小榔头、小绳等）、绝缘手套、靴子、测量记录等。	《电力安全工作规程》2.2
4	出发前检查	由现场工作负责人检查所带工具是否规格型号正确、质量合格、安全可靠；检查交通工具是否良好，行车证照是否齐全。	"供电服务十项承诺"

序号	内 容	标　　　　准	参照依据
5	测量接地电阻	（1）作业人员应带绝缘手套、穿绝缘靴子，解开接地引下线与接地体连接螺丝。 （2）接线布线：作业人员放开长（40m）短（20m）两根表线，在表线末端位置将接地钎砸入地面以下（不小于 0.6m），并与表线可靠连接，长表线连接摇表 C 接线柱，短表线连接摇表 P 接线柱，E 接线柱与接地体连接。 （3）遥测读数：作业人员以每分钟 120 转速度摇动摇表，读出表上数据，记入记录。 （4）判定是否合格： ①容量 100kVA 及以上的变压器，其接地装置的接地电阻不应大于 4Ω，每个重复接地装置的接地电阻不应大于 10Ω。 ②容量 100kVA 以下的变压器，其接地装置的接地电阻不应大于 10Ω，其重复接地装置不应少于三处。 ③柱上开关、隔离开关和熔断器的防雷装置，其接地装置的接地电阻不应大于 10Ω。 ④箱式变压器的接地电阻不应大于 4Ω。	《电力安全工作规程》4.3
6	召开班后会	测量工作结束后，工作负责人召开全体作业人员会议，总结工作经验和存在的问题，制定降低接地电阻的措施。	
7	资料归档	整理完善记录资料，移交运行部门归档妥善保管。	

二十八、带电砍伐修剪配电线路防护区内树木

（一）带电砍伐修剪配电线路防护区内树木标准作业流程图

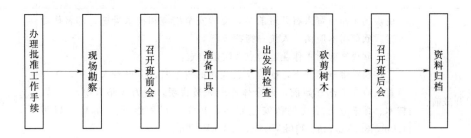

办理批准工作手续 → 现场勘察 → 召开班前会 → 准备工具 → 出发前检查 → 砍剪树木 → 召开班后会 → 资料归档

（二）带电砍伐修剪配电线路防护区内树木标准作业流程

序号	内容	标　　　准	参照依据
1	办理批准工作手续	工作班组根据线路电压等级向主管部门提出工作申请，经批准方可进行工作（主管部门应以书面形式批准工作）。此项工作按口头或电话命令进行。	《电力安全工作规程》2.3.6
2	现场勘察	由现场工作负责人、技术人员到现场实地勘察，了解树木分布情况，找出危险点，制定防范措施和作业方案（如采取停电方式砍伐修剪树木，此作业方案仍然适用）。	
3	召开班前会	由现场工作负责人召开班前会，交待安全措施和技术措施，部署作业方案。砍剪树木应由一人统一指挥。 （1）砍伐修剪树木作业危险点及防范措施： ①在线路带电情况下，砍剪靠近线路的树木时，应设专人监护，工作负责人应在工作开始前，向全体作业人员说明：电力线路有电，人员、树木、绳索应与导线保持安全距离，其安全距离如下：10kV 及以下1.0m、35kV2.5m、110kV4.0m、330kV5.0m。 ②砍剪树木时，应防止马蜂等昆虫或动物伤人。上树时，不得攀踩脆弱和枯死的树枝及已经锯过或砍过的未断树木。应使用安全带，安全带不得系在待砍剪树枝的断口附近或以上。	《电力安全工作规程》4.4

序号	内容	标　　准	参照依据
3	召开班前会	③砍剪树木应有专人监护，待砍剪的树木下面和倒树范围内不得有人停留，以防被树木砸伤。为防止树木（树枝）倒落在导线上，应设法使用绳索将其拉向与导线相反的方向。绳索应有足够的长度和强度，以免拉绳人员被倒落的树木砸伤。 ④当树枝接触或接近高压带电导线时，应将高压线路停电或用绝缘工具使树枝脱离导线至安全距离以外，未脱离至安全距离以外时，严禁人体接触树木。 ⑤大风天气时，尽量避免砍剪树木，禁止砍剪高出或接近导线的树木。 （2）交待工作任务，进行人员分工，明确专责监护人的监护范围和被监护人及其安全责任。	《电力安全工作规程》4.4
4	准备工具	准备梯子、油锯或手锯、高枝剪刀、砍刀、绳索、滑轮、安全带、安全帽等。	
5	出发前检查	由工作负责人检查人员精神状态和身体状况；检查所带工具是否安全可靠，数量满足需要；检查交通工具是否良好，行车证照是否齐全。	
6	砍剪树木	（1）整体砍伐：即从树身根部锯断或砍断树木。 ①作业人员攀至树上适当位置，系好安全带，吊上绳索并拴在牢固可靠的树干（枝）上，拴着点适中，不宜过高，也不宜过低，应使用至少两根绳索并呈人字形拉向线路反方向。人员即可下树。	《电力安全工作规程》4.4

序号	内容	标　　准	参照依据
6	砍剪树木	②地面人员开始砍（锯）树身根部，先砍（锯）树身下部线路反方向，砍（锯）至树径二分之一时，拉紧牵引绳，再砍（锯）树身线路方向稍上位置，以达到树木定向倾倒的目的，在砍（锯）线路方向树身时，牵引绳应不断加力，使树木整体提前倾向倒树方向。倒树时，砍（锯）人员应选择好安全位置，防止树身翻转或后弹伤人。 （2）修剪树枝或先剪后伐： ①修剪树枝一般都在线路侧，为防止树枝下落触及导线，作业人员应提前将绳索搭在上层靠内树杈上或滑轮内，绳索一头拴在待砍树枝上部（吊起来），另一头由地面人员拉紧，当树枝砍断时，保证树枝垂直下落地面。 ②如受地形限制，树木不能整体倒向线路反方向时，应先逐步砍去树冠，其方法如（2）①所述，待树冠砍完后，再按（1）所述方法进行整体砍伐。	《电力安全工作规程》4.4
7	召开班后会	砍剪工作结束后，工作负责人组织全体作业人员召开班后会，总结工作经验和存在的问题，以便改进工作。	
8	资料归档	整理完善记录资料，移交运行部门归档妥善保管。	

二十九、配电线路定期巡视

（一）配电线路定期巡视标准作业流程图

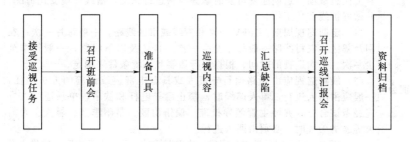

接受巡视任务 → 召开班前会 → 准备工具 → 巡视内容 → 汇总缺陷 → 召开巡线汇报会 → 资料归档

（二）配电线路定期巡视标准作业流程

序号	内 容	标 准	参照依据
1	接受巡视任务	线路运行站所负责人根据线路定期巡视周期安排巡视任务，线路运行专责人接受巡视任务。	
2	召开班前会	定期巡线工作应选择晴好天气进行，巡线工作开始前，站所负责人召开巡线人员会议，进行技术交底和安全交底。根据季节特点，明确巡视有关注意事项。定期巡视可及时掌握线路运行状况，沿线环境变化情况，并做好护线宣传工作。 （1）定期巡视周期：10kV 公网和专线或市区线路，一般每月一次；农网及郊区、农村线路一般每季至少一次；1kV 及以下线路，一般每季至少一次。每次巡视的时间，根据运行需要和环境条件来确定。 （2）线路巡视应由线路运行专责人或具有丰富巡线经验的人员担任，一般应由两人进行，单人巡线时，禁止攀登电杆和铁塔，单独巡线人员应经考试合格，并经主管领导批准。偏僻山区、雷雨季节、暑天、大雪天等恶劣天气时，必须由两人进行。 （3）雷雨大风天气尽量避免巡线，确需巡线时，巡线人员应穿绝缘鞋；暑天、偏僻山区巡线应配备必要的防护工具和应急药品；大风天巡线应沿线路上风侧前进，以免万一触及断落的导线。 （4）巡线过程中，应随时注意脚下道路，避免踩空、绊倒摔伤。还应注意水草地和草丛，防止蛇咬、蜂蛰等。	《电力安全工作规程》4.1

序号	内 容	标　　准	参照依据
2	召开班前会	（5）进行配电设备巡视的人员，应熟悉设备的内部结构和接线情况。巡视检查配电设备时，不得攀登台架、越过遮拦或围墙。进出配电设备室（箱），应随手关门，巡视完毕应上锁。单人巡视时，禁止打开配电设备柜门、箱盖。	《电力安全工作规程》4.1
3	准备工具	巡线工作应准备望远镜、巡视手册、手杖、现场巡视记录及记录用笔等。暑天巡线应戴遮阳帽、防护眼镜。	
4	巡视内容	巡视内容应根据季节特点有所侧重，发现异常和缺陷应详细记录。 （1）杆塔： ①杆塔是否倾斜，铁塔有无弯曲、变形、锈蚀；塔材或拉线是否被盗；螺栓有无松动；混凝土杆有无裂纹、疏松、钢筋外露，焊接处有无开裂、锈蚀。 ②基础有无损坏、下沉或上拔，周围土壤有无挖掘或沉陷，寒冷地区电杆有无冻鼓现象。 ③杆塔位置是否合适，有无被车撞的可能，保护设施是否完好，标志是否清晰。 ④杆塔有无被水淹、水冲的可能，防洪设施有无损坏、坍塌。	《配电线路及设备运行规程》5.14

序号	内 容	标　　　准	参照依据
4	巡视内容	⑤杆塔标志（杆号、相位牌、警告牌等）是否齐全、明显。 ⑥杆塔周围有无杂草和蔓藤类植物附生，有无危及安全的鸟巢、风筝及杂物。 （2）横担及金具： ①铁横担有无锈蚀、歪斜、变形。 ②金具有无锈蚀、变形；螺栓是否紧固，有无缺帽；开口销、弹簧销有无锈蚀、断裂、脱落。 （3）绝缘子： ①瓷件有无赃物、损坏、裂纹和闪络痕迹。 ②铁脚、铁帽有无锈蚀、松动、弯曲。 （4）导线： ①有无断股、损伤、烧伤痕迹，在化工等地区的导线有无腐蚀现象。 ②三相弧垂是否平衡，有无过紧、过松现象；导线对被跨越物的垂直距离是否符合规定，导线对建筑物等的水平距离是否符合规定。 ③接头是否良好，有无过热现象（如接头变色、雪先融化等），连接线夹弹簧是否齐全，螺帽是否紧固。 ④过（跳）引线有无损伤、断股、歪扭，与杆塔、构件及其引线间距离是否符合规定要求。	《配电线路及设备运行规程》5.14

序号	内容	标　　准	参照依据
4	巡视内容	⑤导线上有无抛扔物。 ⑥固定导线用绝缘子上的绑线有无松弛或开断现象。 ⑦绝缘导线外层有无磨损、变形、龟裂现象。 （5）防雷设施： ①避雷器有无裂纹、损伤、闪络痕迹，表面是否赃污。 ②避雷器的固定是否牢靠。 ③引线是否良好，与相邻引线和杆塔构件的距离是否符合规定。垂直安装，固定牢靠，排列整齐，相间距离不应小于 0.35m。 ④各部件是否锈蚀，接地端焊接处有无裂纹、脱落。 ⑤保护间隙有无烧损、锈蚀或被外物短接，间隙距离是否符合规定。 （6）接地装置： ①接地引下线有无丢失、断股、损伤。 ②接头接触是否良好，线夹螺栓有无松动、锈蚀。 （7）拉线、顶杆、拉线柱： ①拉线有无锈蚀、断股和张力分配不均等现象；拉线 UT 形线夹或花兰螺丝及螺帽有无被盗现象。 ②水平拉线对地面距离是否符合要求（对路面中心的垂直距离不应小于 6m，在拉线柱处不应小于 4.5m）。	《配电线路及设备运行规程》5.14

序号	内 容	标　　　准	参照依据
4	巡视内容	③拉线绝缘子是否损坏或缺少。 ④拉线是否妨碍交通或被车撞。 ⑤拉线棒（下把）包箍等金具有无变形、锈蚀。 ⑥拉线固定是否牢固，拉线基础周围土壤有无突起、沉陷、缺土等现象。 ⑦顶杆、拉线柱等有无损坏、开裂、腐朽等现象。 （8）沿线情况： ①沿线有无易燃、易爆物品和腐蚀性液体、气体。 ②导线对地、对道路、公路、铁路、管道、索道、河流、建筑物等距离是否符合规定，有无可能触及导线的铁烟囱、天线等。 ③周围有无被风刮起危及线路安全的金属薄膜、杂物等。 ④有无危及线路安全的工程设施（机械、脚手架）。 ⑤查明线路附近的爆破工程有无爆破申请手续，其安全措施是否妥当。 ⑥查明防护区内的植物种植情况及导线与树间距离是否符合规定。 ⑦线路附近有无射击、放风筝、抛扔异物、堆放柴草和在杆塔、拉线上栓牲畜等。 ⑧查明沿线污秽情况。 ⑨查明沿线江河泛滥、山洪和泥石流等异常现象。 ⑩有无违反《电力设施保护条例》的建筑，如发现线路防护区内有建房迹象，应设法制止。	《配电线路及设备运行规程》5.14

序号	内容	标　　准	参照依据
5	汇总缺陷	巡线工作结束后，巡线人员整理现场巡视记录，将缺陷按一般缺陷、重大缺陷、紧急缺陷和永久缺陷进行分类，并按分类记入相关缺陷记录。	《电力安全工作规程》4.3
6	召开巡视汇报会	由站所负责人召开巡线人员"巡线汇报会"。 　　(1) 由巡线人员全面汇报巡视情况、缺陷内容及分类情况，重大缺陷特别是紧急缺陷必须当会汇报清楚，不得贻误。 　　(2) 站所负责人根据整理汇报的缺陷，做出消缺计划。紧急缺陷，重大缺陷及需按计划安排才能处理的缺陷，必须及时上报运行管理部门，并提出处理意见。一般缺陷和自行可以处理的缺陷，站所长可安排及时处理。	
7	资料归档	整理完善巡视记录资料，归档妥善保管。	

三十、配电线路夜间巡视

（一）配电线路夜间巡视标准作业流程图

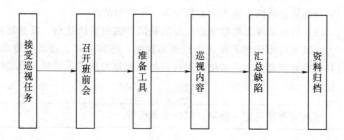

接受巡视任务 → 召开班前会 → 准备工具 → 巡视内容 → 汇总缺陷 → 资料归档

（二）配电线路夜间巡视标准作业流程

序号	内 容	标　　　准	参照依据
1	接受巡视任务	线路运行站所负责人根据线路巡视周期或运行需要安排巡视任务，线路运行专责人接受巡视任务。	
2	召开班前会	巡线工作开始前，站所负责人召开巡线人员会议，进行技术交底和安全交底。根据巡视性质，明确巡视有关注意事项。 （1）夜间巡视应选在线路高峰负荷时段或阴雾天气时进行。 （2）夜间巡视应由线路运行专责人或具有丰富夜巡经验的人员担任，必须由两人以上参加，并携带足够的照明用具。夜间巡线应沿线路外侧进行，大风天时，应沿线路上风侧进行，以免万一触及断落的导线。夜间巡视还应特别注意脚下道路，以免踩空失足或绊倒摔伤等意外发生。 （3）其它安全巡视规定事项亦适应夜间巡视。	《配电线路及设备运行规程》3.1.2.3《电力安全工作规程》4.1.3
3	准备工具	准备照明用具、防身棍杖、巡视手册、现场巡视记录及记录用笔等。	
4	巡视内容	夜间巡视应有针对性，主要巡视白天不易发现的缺陷，如线路杆塔上异常放电，线路及设备接点（桩头）打火放电，绝缘子表面闪络放电等。	
5	汇总缺陷	夜间巡线结束后，翌日召开汇报会，由夜巡人员汇报巡视情况，站所负责人根据缺陷性质，安排消缺处理。	
6	资料归档	整理完善巡视记录资料，归档妥善保管。	

三十一、配电线路故障巡视

(一) 配电线路故障巡视标准作业流程图

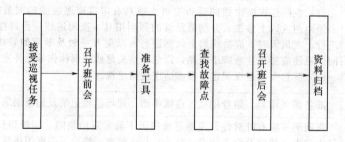

接受巡视任务 → 召开班前会 → 准备工具 → 查找故障点 → 召开班后会 → 资料归档

（二）配电线路故障巡视标准作业流程

序号	内容	标　　准	参照依据
1	接受巡视任务	线路运行站所负责人根据线路故障情况安排巡视任务，线路运行专责人接受巡视任务。	
2	召开班前会	巡线工作开始前，站所负责人召开巡线人员会议，进行技术交底和安全交底。根据故障情况，分析判断故障范围及性质，明确巡视有关注意事项。 （1）故障巡视应由线路运行专责人或具有丰富运行经验的人员担任，必须由两人以上参加，巡视人员应戴绝缘手套，穿绝缘鞋或绝缘靴。 （2）故障巡线应沿线路上风侧前进，以免万一触及断落的导线。故障巡线应始终认为线路带电，即使明知该线路已停电，亦应认为线路有随时恢复送电的可能。 （3）巡线人员发现导线、电缆断落地面或悬挂空中，应设法防止行人靠近断线地点 8m 以内，以免跨步电压或触及导线伤人，并迅速报告调度和上级，等候处理。未处理之前，巡线人员不得离开现场，应坚持看护到最后。	《配电线路及设备运行规程》 3.1.2.3 《电力安全工作规程》 4.1.3
3	准备工具	准备绝缘杆（另克棒）、望远镜、巡视手册、现场巡视记录及记录用笔等。必要时带上小绳和警示牌，以备设置临时围栏。	

序号	内 容	标　　　准	参照依据
4	查找故障点	（1）巡线人员根据已知的故障性质和现象，分析故障位置和故障原因，再根据故障分析情况进行查找。 （2）找到故障点后应立即报告调度和上级并保护现场。 （3）如故障点附近有线路开关或丝具，巡线人员经请示后可自行拉开开关或丝具，切除故障线路，缩小停电范围。 （4）如自行不能排除，则等待事故抢修人员前来处理。	
5	召开班后会	由站所负责人召开巡线人员会议，分析事故发生的原因，总结故障巡视的经验和教训，制定防止事故的措施。	
6	资料归档	巡视人员将事故发生的时间、地点、原因及处理情况、恢复送电的时间等情况记入事故记录，归档妥善保管。	

三十二、10kV 线路（设备）故障抢修

（一）10kV 线路（设备）故障抢修标准作业流程图

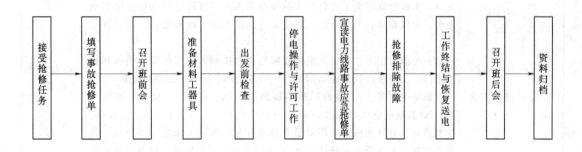

接受抢修任务 → 填写事故抢修单 → 召开班前会 → 准备材料工器具 → 出发前检查 → 停电操作与许可工作 → 宣读电力线路事故应急抢修单 → 抢修排除故障 → 工作终结与恢复送电 → 召开班后会 → 资料归档

（二）10kV 线路（设备）故障抢修标准作业流程

序号	内 容	标　　准	参照依据
1	接受抢修任务	线路运行部门接到线路故障报告后，立即报告运行管理部门，运行管理部门根据故障情况，下达抢修（故障原因已明确）或巡查（故障原因不明确）任务，抢修班组或运行部门接受抢修或巡查任务。	
2	填写事故抢修单	由事故抢修班组工作负责人或技术人员填写"电力线路事故应急抢修单"（如故障原因不明确，待巡查明确后填写事故抢修单）。	
3	召开班前会	（1）事故抢修班组工作负责人召开抢修人员、线路运行人员参加的班前会，由线路运行人员介绍故障情况（线路名称、故障地段、故障性质等）。 　　（2）抢修班组工作负责人根据故障性质向抢修人员交代安全措施和技术措施，交待危险点及控制措施。一般常见的危险点及控制措施是： ①防触电伤害。A. 抢修时故障线路应停电、验电、挂接地线和标示牌。B. 其他带电线路危及抢修安全时应停电。C. 严防误登、误操作。控制措施：登杆前核对线路双重名称及杆号，确认无误后方可登杆，设专人监护以防误登、误操作。D. 严防返送电源和感应电。控制措施：拉开有可能返送电的线路开关或丝具，并挂接地线，在有可能产生感应电的地段加挂接地线或使用个人保安线。	《电力安全工作规程》 2.4 4.2.4

序号	内容	标　　准	参照依据
3	召开班前会	②防高空坠落。控制措施：A、作业人员登杆前，检查登杆工具是否安全可靠，确认无误后方可登杆；B、作业人员登杆时做到："脚踩稳、手扒牢、一步一步慢登高，到达位置第一要，安全皮带系牢靠"；C. 安全带应系在牢固可靠的构件上，工作位置转换后，应及时系好安全带。 ③防高空坠物伤人。控制措施：A. 地勤人员尽量避免停留在杆下；B. 地勤人员戴好安全帽；C. 工具材料用绳索传递，尽量避免高空坠物；D. 操作跌落丝具时，操作人员应选好操作位置，防止丝具管跌落伤人。 ④防电杆倾倒伤人。控制措施：作业人员登杆前，观测估算电杆埋深及裂纹情况，确认稳固后方可登杆作业，必要时打临时拉线。 （3）交代工作任务，进行人员分工，明确专责监护人的监护范围和被监护人及其安全责任等。	《电力安全工作规程》2.4 4.2.4
4	准备材料工器具	（1）材料：根据故障性质和情况准备材料。 ①断导线时，准备同型号导线、压接管及辅材、铝包带、扎线等。 ②倒杆（断杆）时，准备电杆（铁件、绝缘子等备用）。 ③设备或绝缘子损坏时，准备同型号设备或绝缘子。 ④接点烧坏时，准备设备线夹、绝缘导线、接线螺丝等。 （2）工器具：根据抢修工作需要准备工器具，常用工器具如下：	

序号	内容	标　　准	参照依据
4	准备材料工器具	①停电操作工具：绝缘杆、验电器、高压发生器、接地线、绝缘手套、绝缘靴子、标示牌等。 ②登高工具：脚扣或踩板、安全帽、安全带等。 ③防护工具：个人保安线、防护服、绝缘鞋、手套等。 ④个人五小工具：电工钳、扳手、螺丝刀、小榔头、小绳等。 ⑤其他工具和牵引工具视其需要而确定。	
5	出发前检查	出发前由工作负责人检查： （1）检查人数、人员精神状态及身体状况。 （2）检查所带材料是否规格型号正确、质量合格、数量满足需要。 （3）检查所带工器具是否质量合格、安全可靠、数量满足需要。 （4）检查交通工具是否良好，行车证照是否齐全。	《电力安全工作规程》 3.5
6	停电操作与许可工作	（1）馈路停电： 1）由变电站值班员根据调度命令或停电申请内容进行馈路停电操作，（此操作必须填用"变电站倒闸操作票"，并按操作票所列程序进行操作）并做好接地等安全措施。 2）线路运行部门或抢修班组停复电联系人（现场工作许可人）接到调度或变电站许可（第一次许可）工作的命令后，负责组织现场停电操作并做好安全措施，操作前负责核对线路双重名称及杆号，确认无误后，	《电力安全工作规程》 2.4 3.2 3.3 3.4 4.2

序号	内 容	标　　　准	参照依据
6	停电操作与许可工作	方可进行停电操作。以下操作按规定须用操作票时，应填用"电力线路倒闸操作票"，并按操作票所列程序进行操作。 ①断开需要现场操作的线路各端（含分支线）开关、刀闸或丝具。 ②断开危及线路停电作业，且不能采取相应措施的交叉跨越、平行或接近和同杆（塔）架设线路（包括外单位和用户线路）的开关、刀闸或丝具。 ③断开有可能返回低压电源和其他延伸至抢修现场的低压线路电源开关。 ④在上述线路各端已断开的开关或刀闸的操作机构上应加锁；三相丝具的熔丝管应取下；并在上述开关、刀闸或丝具的操作机构醒目位置悬挂"线路有人工作，禁止合闸！"的标示牌。 ⑤在线路各端（包括无断开点且有可能返送电的支线上）应逐一验电、挂接地线，在有可能产生感应电的地段加挂接地线。 上述停电、验电、挂接地线等安全措施完成后，现场工作许可人方可向工作负责人下达许可（第二次许可）工作的命令。 （2）线路部分停电或支线停电：	《电力安全工作规程》 2.4 3.2 3.3 3.4 4.2

序号	内 容	标　　准	参照依据
6	停电操作与许可工作	由线路运行部门或抢修班组停复电联系人（现场工作许可人）负责组织现场停电操作并做好安全措施，操作前负责核对线路名称及杆号，确认无误后，方可进行停电操作。以下操作按规定须用操作票时，应填用"电力线路倒闸操作票"，并按操作票所列程序进行操作。 　　①先断开电源侧开关、刀闸或丝具，再断开需要现场操作的线路各端（含分支线）开关、刀闸或丝具。 　　②断开危及线路停电作业，且不能采取相应措施的交叉跨越、平行或接近和同杆（塔）架设线路（包括外单位和用户线路）的开关、刀闸或丝具。 　　③断开有可能返回低压电源和其他延伸至抢修现场的低压线路电源开关。 　　④在上述线路各端已断开的开关或刀闸的操作机构上应加锁；三相丝具的熔丝管应取下；并在上述开关、刀闸或丝具的操作机构醒目位置悬挂"线路有人工作，禁止合闸！"的标示牌。 　　⑤在线路各端（包括无断开点且有可能返送电的支线上）应逐一验电、挂接地线，在有可能产生感应电的地段加挂接地线。 　　上述停电、验电、挂接地线等安全措施完成后，现场工作许可人方可向工作负责人下达许可工作的命令。	《电力安全工作规程》 2.4 3.2 3.3 3.4 4.2

序号	内 容	标　　准	参照依据
6	停电操作与许可工作	（3）工作许可人在向工作负责人发出许可工作的命令前，应将工作班组名称、数目、工作负责人姓名、工作地点和工作任务等记入记录簿内。 （4）许可开始工作的命令，应由工作许可人亲自下达给工作负责人。电话下达时，工作许可人及工作负责人应记录清楚明确，并复诵核对无误；当面下达时，工作许可人和工作负责人都应在"电力线路事故应急抢修单"上记录许可时间，并签名（如现场工作许可人不直接参与监护或操作，而由他人监护和操作时，现场工作许可人必须在现场亲自目睹操作全过程，并确认操作结果）。	《电力安全工作规程》 2.4 3.2 3.3 3.4 4.2
7	宣读"电力线路事故应急抢修单"	由抢修工作负责人宣读"电力线路事故应急抢修单"，明确工作地点和抢修内容，明确保留带电部位和其他安全注意事项。	
8	抢修排除故障	（1）登杆前检查（三确认）： ①作业人员核对线路名称及杆号，确认无误后方可登杆。 ②作业人员观测估算电杆埋深及裂纹情况，确认稳固后方可登杆。 ③作业人员检查登高工具是否安全可靠，确认无误后方可登杆。 （2）排除故障： 1）抢修断线：	《配电线路及设备运行规程》 8

序号	内容	标　　　准	参照依据
8	抢修排除故障	①抢修人员登杆松下断线相导线。 ②根据规范要求进行导线压接或绕接。 ③恢复导线：恢复导线前应检查断线点附近若干基直线杆电杆是否倾斜或裂纹；横担是否转动或损坏变形；绝缘子是否弯曲或破碎；扎线是否松动或断股，检查处理后，在耐张杆上重新紧线，在直线杆上扎好扎线。 ④抢修工作负责人检查无误后，即向全体抢修人员宣布："××线路已视同带电，禁止任何人攀登，人员撤离现场"。 2）抢修倒杆： ①如电杆断裂，则应更换（按更换电杆流程进行更换）。 ②如电杆倾斜，检查无裂纹后，则应扶正（按校正电杆流程进行校正）。 3）如柱上开关、丝具、避雷器损坏，现场可处理时现场修复，如现场不能修复时予以更换（按相应更换流程进行更换）。 4）如系接点烧坏，应现场处理或更换。 5）如拉线被盗或外力破坏断线，则应更换（按更换拉线流程进行更换）。 6）如系绝缘子损坏，则应更换（按更换绝缘子流程进行更换）。 7）如系铁件损坏或变形，则应更换（按更换横担流程进行更换）。 8）如系树木压线（导线未断），则应清除树木，检查电杆、横担、绝缘子、扎线等，检查处理后，重新调整导线弧垂或补修导线（按调整导线弧垂和修复导线流程进行处理）。 9）如系其他故障，则按相关规定和方法予以排除。	《配电线路及设备运行规程》8

序号	内容	标　　　　准	参照依据
9	工作终结与恢复送电	（1）停电作业结束后，工作负责人应履行下列职责： 1）工作负责人认为工作已结束，应检查线路抢修地段的状况，确认在杆塔上、导线上、绝缘子串上及其它辅助设备上没有遗留的个人保安线、工具、材料等，检查清点并确认全部作业人员已由杆塔上撤离，将全部作业人员集中一处，宣布："××线路已视同带电，禁止任何人再登杆作业"，如个别作业人员不能集中时，工作负责人必须设法通知到本人。 2）工作负责人分别向全部工作许可人汇报： ①对调度或变电站值班员（工作许可人）或运检分设，对线路运行部门现场工作许可人的汇报："工作负责人×××向你汇报，××单位××班组在×处（说明起止杆号、分支线路名称等）停电工作已全部结束，本班组作业人员已全部撤离现场，经检查确认线路上无遗留物，××线路可以恢复送电"。 ②运检合一，对本班组现场工作许可人的汇报："××班组在××线路上×处（说明起止杆号、分支线路名称等）停电工作已全部结束，作业人员已全部撤离线路，经检查确认线路上无遗留物，可拆除接地线等安全措施，恢复线路供电"。	《电力安全工作规程》2.7

序号	内 容	标　　　准	参照依据
9	工作终结与恢复送电	③对外单位或用户配合停电工作许可人的汇报："工作负责人×××向你汇报，××单位××班组停电工作已全部结束，你单位配合停电的线路可恢复送电"。 （2）停电工作结束后，各方工作许可人应履行下列职责： ①调度或变电站值班员（工作许可人）在接到抢修工作负责人的完工报告后，与记录簿核对工作班组名称和工作负责人姓名，确认无误后，拆除安全措施，恢复送电（送电操作应填用"变电站倒闸操作票"，并按操作票所列程序进行操作）。 ②运检分设，线路运行部门现场工作许可人在接到抢修工作负责人的完工报告后，与记录簿核对工作班组名称和工作负责人姓名，确认无误后，检查确认全部工作结束，全部工作人员已撤离线路，下令拆除接地线等现场安全措施，全部安全措施拆除后，核对清点接地线、标示牌数目，确认无误后，合上线路各端断开的开关、刀闸或丝具，恢复线路供电（以上操作按规定须用操作票时，应填用"电力线路倒闸操作票"，并按操作票所列程序进行操作）。 ③运检合一，本班组现场工作许可人在接到本抢修班组工作负责人已完工和可拆除安全措施、恢复线路供电的报告后，检查确认全部工作已结	《电力安全工作规程》2.7

序号	内容	标　准	参照依据
9	工作终结与恢复送电	束、全部工作人员已撤离线路、线路上无遗留物后，组织拆除接地线等安全措施，全部安全措施拆除完毕后，核对清点接地线、标示牌数目，确认无误后，合上线路各端断开的开关、刀闸或丝具，恢复线路供电（以上操作按规定须用操作票时，应填用"电力线路倒闸操作票"，并按操作票所列程序进行操作）。	《电力安全工作规程》2.7
10	召开班后会	抢修工作结束后，抢修工作负责人召开抢修人员会议，分析故障原因，制定防范措施，总结工作经验，制定改进措施。	
11	资料归档	整理完善抢修记录，交线路运行部门归档保管。	

三十三、配电变压器故障抢修

(一) 配电变压器故障抢修标准作业流程图

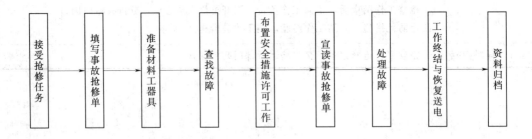

接受抢修任务 → 填写事故抢修单 → 准备材料工器具 → 查找故障 → 布置安全措施许可工作 → 宣读事故抢修单 → 处理故障 → 工作终结与恢复送电 → 资料归档

（二）配电变压器故障抢修标准作业流程

序号	内 容	标　　准	参照依据
1	接受抢修任务	变压器运行部门或用户管理部门接到变压器故障的信息后，问明台区名称、故障情况，通知抢修班组前往抢修。	
2	填写事故抢修单	由抢修班组工作负责人或技术人员填写"电力线路事故应急抢修单"。	
3	准备材料工器具	（1）材料：根据掌握的故障情况，准备所需的材料，如绝缘导线、保险丝（片）、设备线夹等。 （2）工器具： ①停电操作工具：绝缘杆、验电器、接地线、标示牌等。 ②登高工具：脚扣或踩板、安全帽、安全带等。 ③防护用具：绝缘鞋、手套等。 ④个人五小工具：电工钳、扳手、螺丝刀、小榔头、小绳等。 ⑤其他工具：钢锯等。	
4	查找故障	抢修班组到达现场后，查明故障点，确定处理方案，明确危险点及防范措施。 （1）防触电伤害：抢修人员与带电部位保持 0.7m 以上安全距离，并设专人监护。 （2）防高空坠落:高空作业一定系好安全带,如用梯子,应采取防滑措施。	

序号	内 容	标　　　　　准	参照依据
5	布置安全措施许可工作	（1）抢修班组工作负责人检查核对变压器台区名称，确认无误后，通知抢修班组工作许可人停电、验电、挂接地线和标示牌。 （2）由抢修班组工作许可人操作、工作负责人监护： ①先拉开低压断路器（刀闸），再拉开高压开关（丝具），摘下熔丝管。 ②在丝具下引线上验电、挂接地线和标示牌；在低压断路器上端验电、挂接地线。 ③工作许可人向工作负责人下达许可工作命令。	《电力安全工作规程》8.11
6	宣读事故抢修单	由抢修班组工作负责人宣读"电力线路事故应急抢修单"明确抢修内容，明确保留带电部位和其它安全注意事项，明确专责监护人的监护范围和被监护人及其安全责任。	
7	处理故障	故障消除后，工作负责人检查确认无误后，通知许可人拆除安全措施，恢复送电，如系变压器被烧毁或现场不能处理的故障时，应更换变压器，其方法按更换变压器的方法进行更换。	
8	工作终结与恢复送电	工作许可人在工作负责人的监护下拆除安全措施，依次拆除高、低压侧接地线和标示牌，依次合上高压丝具、低压刀闸。	
9	资料归档	总结工作经验，完善整理移交资料。	

三十四、低压线路故障抢修

（一）低压线路故障抢修标准作业流程图

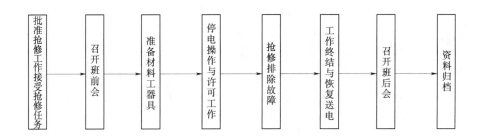

（二）低压线路故障抢修标准作业流程

序号	内容	标　　准	参照依据
1	批准抢修工作、接受抢修任务	低压线路管理部门或抢修班组接到线路故障信息后，尽量弄清故障台区名称、故障地点、故障性质等。抢修班组负责人应将事故情况电话或口头报告主管部门，主管部门以电话或口头命令批准工作。	
2	召开班前会	事故抢修班组工作负责人召集抢修人员交代安全措施和技术措施。找出危险点并加以防范，主要防触电伤害，防高空坠落和电杆倾倒。	
3	准备材料工器具	（1）材料：根据故障性质准备相应的材料。 　　（2）工器具：准备低压验电器和接地线、标示牌、脚扣、绝缘鞋、安全带、电工钳、扳手、螺丝刀、小绳等。	
4	停电操作与许可工作	（1）抢修小组到达现场后，找到故障地点，抢修工作负责人检查核对变压器台区、线路或支线名称，确认无误后，通知抢修班组工作许可人停电，并做好安全措施。 　　（2）工作许可人拉开台区变压器低压断路器（刀闸），在刀闸线路侧验电、挂接地线和标示牌后，向抢修工作负责人下达许可工作的命令（如故障线路系多电源时，应拉开各端电源开关，并验电、挂接地线和标示牌）。	《电力安全工作规程》 2.3.5 2.4

序号	内 容	标　　　准	参照依据
5	抢修排除故障	(1) 登杆前检查（三确认）： ①作业人员核对线路名称及杆号，确认无误后方可登杆。 ②作业人员观测估算电杆埋深及裂纹情况，确认稳固后方可登杆。 ③作业人员检查登高工具是否安全可靠，确认无误后方可登杆。 (2) 故障抢修： 1) 低压线路倒杆故障抢修： ①如电杆断裂，则应更换（按更换电杆流程进行更换）。 ②如电杆倾斜，检查无裂纹后，则应扶正（按校正电杆流程进行校正）。 2) 低压线路断导线故障抢修： 抢修人员登杆落下断线相导线，接线人员接好断线，检查断线点附近电杆是否倾斜或裂纹；横担是否转曲或变形；绝缘子是否弯曲或破碎；扎线是否松动或断股，检查处理后，在耐张杆上重新紧线，在直线杆上扎好扎线，检查确认线路上无遗留材料工具，抢修工作结束。 3) 低压接户线断线故障抢修： 抢修人员找到故障点，接好断线，包上绝缘胶布，恢复好下户线扎线，检查无误后，结束工作。	

序号	内 容	标　　　　准	参照依据
5	抢修排除故障	4）低压配电柜故障抢修： 　　低压配电柜故障实际上是安装在配电柜内的各个电气元件（断路器、开关、刀闸、熔断器等）的故障（常见故障是元件或接点烧坏），抢修人员检查确定故障元件，进行修复或更换，检查无误后结束工作。 　　5）如拉线被盗或外力破坏断线，则应更换（按更换拉线流程进行更换）。 　　6）如系绝缘子损坏，则应更换（按更换绝缘子流程进行更换）。 　　7）如系铁件损坏或变形，则应更换（按更换横担流程进行更换）。 　　8）如系树木压线（导线未断），则应清除树木，检查电杆、横担、绝缘子、扎线等是否受损，检查处理后，重新调整导线弧垂或补修导线（按调整导线弧垂和修复导线流程进行处理）。	
6	工作终结与恢复送电	任意一项故障抢修工作结束后，工作负责人检查设备上无遗留物，清点确认全部抢修人员已撤离现场，通知所有人员不得再登杆作业，再通知抢修工作许可人恢复送电。 　　工作许可人检查确认后，拆除标示牌、接地线后，合上低压断路器（开关）或刀闸。	
7	召开班后会	抢修工作结束后，抢修工作负责人召开抢修人员会议，分析故障原因，制定防范措施，总结工作经验，制定改进措施。	
8	资料归档	完善抢修记录，填写事故记录，归档妥善保管。	

三十五、计量装置的安装和故障抢修

(一) 计量装置的安装和故障抢修标准作业流程图

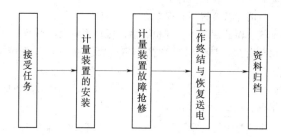

接受任务 → 计量装置的安装 → 计量装置故障抢修 → 工作终结与恢复送电 → 资料归档

(二) 计量装置的安装和故障抢修标准作业流程

序号	内容	标准	参照依据
1	接受任务	计量管理部门负责计量设备的安装、更换和故障抢修。	
2	计量装置的安装	(1) 电能计量设备（计费电能表、互感器）安装前均应经过检定，并有合格证。 (2) 计费电能表应安装在供用电双方产权分界点处；居民用电的电能表一般应安装在进户线入户处的廊下、过道或防雨避光的墙面上；低压电流互感器应安装在电能表的最近处；除高压计量设备外，所有低压计量电能表不得安装在电杆上。 (3) 电能计量装置不宜安装在下列场所： ①湿气、腐蚀性气体、灰尘过多，振动影响大的场所。 ②化学药品、易燃易爆物品储藏场所，接近热气系统 0.5m 以内的场所。 ③高压、电气、机械、锅炉等使工作人员难以接近的危险场所。 ④湿度、温度变化大，日光直射的场所。	《电能计量工作标准》
3	计量装置的故障抢修	(1) 计量管理部门接到用户关于计量设备故障的信息后，尽量了解故障情况、电表型号，记清户名或门牌号，以电话或口头命令方式向抢修班组下达抢修任务，抢修班组接受抢修任务。 (2) 准备材料工器具：	《电能计量工作标准》

序号	内容	标准	参照依据
3	计量装置的故障抢修	①材料：根据掌握的故障情况，准备相应的材料，如同类型号电能表、互感器、二次线、表封等。 ②工器具：绝缘摇表、万用表、低压电笔、绝缘胶布、安全带、换表五小工具等。 （3）布置安全措施： ①如作业地点周围环境复杂、作业难度大、带电部位多、难以确保人身安全时，应先停电再抢修。 ②作业期间，始终保持两人在一起，一人工作，一人监护。 ③如采用低压间接带电作业，应遵守《电力安全工作规程》对低压间接带电作业的规定。 ④登高作业应戴安全帽、系安全带、使用梯子应有防滑措施。 （4）查找处理故障： ①电能计量人员接到电能异常、计量不准确或电能计量装置故障时，应及时到现场检查电能表、互感器及二次回路，查明故障原因。 ②发现电能表、互感器故障应立即更换，其它故障应现场修复。	《电能计量工作标准》
4	工作终结与恢复送电	故障处理完毕后，工作负责人检查现场有无遗留工器具、材料，抢修工艺质量是否符合规定，确认无误后，即可恢复送电，通电后应观察电能表走字情况是否正常。	
5	资料归档	填写计量设备故障记录，完善台账卡片等资料。	

三十六、拆除旧线路

（一）拆除旧线路标准作业流程图

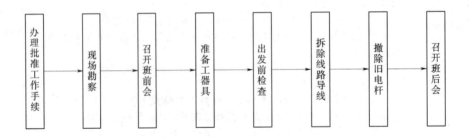

办理批准工作手续 → 现场勘察 → 召开班前会 → 准备工器具 → 出发前检查 → 拆除线路导线 → 撤除旧电杆 → 召开班后会

（二）拆除旧线路标准作业流程

序号	内 容	标　　准	参照依据
1	办理批准工作手续	施工班组根据线路电压等级向主管部门提出工作申请，经批准方可进行工作（主管部门应以书面形式批准工作）。	
2	现场勘察	（1）进行较为复杂的电力线路施工作业或相关人员（生产、安全管理人员或工作负责人）认为有必要进行现场勘察的施工作业，由现场工作负责人组织相关人员（施工技术、安监人员）进行现场勘察，并做好勘察记录。确定现场作业危险点及控制措施，制定现场施工方案。 （2）现场勘察的内容 ①落实施工作业需要停电的范围（停电设备名称及所属单位）、保留带电设备及带电部位。 ②落实施工作业涉及的交叉跨越（电力线路、弱电线路、铁路、公路、建筑物、种植物等）及跨越（穿越）方案。 ③查看施工现场条件和环境（施工运输道路、种植物损毁赔付等）。 （3）根据现场勘察结果，对施工危险性、复杂性和困难程度较大的施工作业项目，应编制组织措施、技术措施和安全措施，经本单位主管安全生产领导批准后执行。	《电力安全工作规程》2.2

序号	内 容	标　　　准	参照依据
3	召开班前会	施工作业开始前，由现场工作负责人召开全体施工人员会议，进行技术交底和安全交底，分配工作任务。 　　(1) 技术交底：由现场工作负责人向全体施工人员交代施工方案、作业注意事项。 　　(2) 安全交底：由现场工作负责人向全体施工人员交代施工作业危险点及控制措施，该项工作主要的危险点及控制措施是： 　　①防触电伤害。A. 严防导线触及下方带电线路。控制措施：a. 带电线路应配合停电；b. 不能停电时搭跨越架。B. 严防误登、误操作。控制措施：登杆前核对线路双重名称及杆号，确认无误后方可登杆，设专人监护以防误登、误操作。C. 在有感应电的地段加挂接地线或使用个人保安线。 　　②防高空坠落。控制措施：A. 作业人员登杆前，检查登杆工具是否安全可靠，确认无误后方可登杆；B. 作业人员登杆时做到："脚踩稳、手扒牢、一步一步慢登高，到达位置第一要，安全皮带系牢靠"；C. 安全带应系在牢固可靠的构件上，工作位置转换后，应及时系好安全带。 　　③防电杆倾倒伤人。控制措施：A. 作业人员登杆前，必须认真观测估算电杆埋深及裂纹情况，确认绝对稳固后方可登杆作业，必要时打临时拉线；B. 松线时，严禁突然剪断导线；C. 工作人员尽量避免停留在已拆去导线的电杆下。	《电力安全工作规程》 2.3 6.2

序号	内 容	标　　　准	参照依据
3	召开班前会	④防高空坠物伤人。控制措施：A. 地勤人员尽量避免停留在杆下；B. 地勤人员戴好安全帽；C. 工具材料用绳索传递，尽量避免高空坠物；D. 操作跌落丝具时，操作人员应选好操作位置，防止丝具管跌落伤人。 （3）交代工作任务，进行人员分工，明确专责监护人的监护范围和被监护人及其安全责任等。如分组工作时，每个小组应指定工作负责人（监护人），并使用工作任务单。	《电力安全工作规程》 2.3 6.2
4	准备工器具	根据拆除方法准备下列工器具，要求质量合格、安全可靠、数量满足需要。 ①停电操作工具：绝缘杆、验电器、高压发生器、接地线、绝缘手套、绝缘靴子、标示牌等。 ②登高工具：脚扣或踩板、安全帽、安全带等。 ③防护用具：个人保安线、防护服、绝缘鞋、手套等。 ④个人五小工具：电工钳、扳手、螺丝刀、小榔头、小绳等。 ⑤起重牵引工具：吊车或抱杆、手扳葫芦、紧线器（钳）、三角钳头、钢丝绳及钢丝绳套、工具U形环、滑轮、绳索等。 ⑥其它工具：大榔头、钢锚钎、铁锹、铁镐等。	

序号	内 容	标 准	参照依据
5	出发前检查	出发前由工作负责人检查： （1）检查人数、人员精神状态及身体状况。 （2）检查所带工器具是否质量合格、安全可靠、数量满足需要。 （3）检查交通工具是否良好，行车证照是否齐全。	
6	拆除线路导线	（1）登杆前检查（三确认）： ①作业人员核对线路名称及杆号，确认无误后方可登杆。 ②作业人员必须认真观测估算电杆埋深及裂纹情况，确认绝对稳固后方可登杆（必要时再打临时拉线）。 ③作业人员检查登高工具是否安全可靠，确认无误后方可登杆。 （2）先上直线杆解开扎线： 解开耐张段内所有直线杆上扎线后，如线路下方有线路、公路、建筑物、种植物等障碍物时，应将导线放入滑轮，如下方无障碍物时，可将导线放在横担上或直接落至地面，如需拆除铁件、绝缘子时，拆除后立即下杆。 （3）再上耐张杆松线： ①耐张杆有顺线拉线时，可直接松线，如无顺线拉线时，应打临时拉线后方可松线。 ②在耐张杆上挂好紧线器（钳）和滑轮，将三角钳头卡在导线上，将牵引绳通过滑轮与三角钳头连接，另一头掌握在地勤人员手中或固定在地锚上。	《电力安全工作规程》 6.2 6.6

序号	内容	标　　　　准	参照依据
6	拆除线路导线	③用紧线器配合牵引绳收紧导线，使耐张绝缘子串处于松弛状态，拔掉耐张线夹连接螺栓，拉紧牵引绳，松开紧线器，松动牵引绳使导线徐徐落地（注意：切不可采用突然剪断导线的方法松线）。其余各相如法操作。 　　④耐张杆松线时，应逐相逐根对称进行，以保证电杆两侧和横担两端受力平衡。 　　(4) 杆上人员拆除工具、铁件、绝缘子、拉线，地勤人员回收旧导线，拆除导线工作即告结束。	《电力安全工作规程》6.2 6.6
7	撤除旧电杆	(1) 登杆前检查： 　　①作业人员必须认真观测估算电杆埋深及裂纹情况，确认绝对稳固后方可登杆，（必要时再打临时拉线）。 　　②作业人员检查登高工具是否安全可靠，确认无误后方可登杆。 　　(2) 吊车撤杆： 　　用吊车撤杆时，起重臂下和倒杆距离以内严禁有人，防止电杆倾倒旋转伤人。将吊车停放在适当位置并支垫稳固，在电杆重心（被撤除的旧电杆重心应从地面以上部分估算）以上绑好钢丝绳套，在电杆上下两端绑上控制绳，吊车应由一人统一指挥，以手旗（势）配合口哨为信号，起吊时，地勤人员应将控制绳掌握在手中，以便控制电杆动向。起吊应缓慢匀速进行，不可高速猛吊，电杆落地后运离现场。	《电力安全工作规程》6.2 6.6

序号	内 容	标　　　　准	参照依据
7	撤除旧电杆	（3）人工撤杆： 人工撤杆时，应在电杆上部绑好 2～3 根控制绳，控制绳掌握在人员手中，挖开杆根，开好"马道"，利用控制绳将电杆放倒并运离现场。 （4）回填杆坑，撤杆工作即告结束。	《电力安全工作规程》 6.2 6.6
8	召开班后会	工作结束后，工作负责人组织全体施工人员召开班后会，总结工作经验和存在的问题，制定改进措施，清理废旧材料，办理旧料退库手续，整理保养工器具。	

附录 1

线路铁件、拉线、金具、绝缘子组装规范

一、耐张绝缘子串的组装

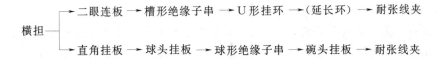

横担
- ┌→ 二眼连板 → 槽形绝缘子串 → U 形挂环 →（延长环）→ 耐张线夹
- └→ 直角挂板 → 球头挂板 → 球形绝缘子串 → 碗头挂板 → 耐张线夹

二、悬垂绝缘子串的组装

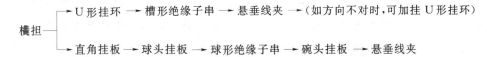

横担
- ┌→ U 形挂环 → 槽形绝缘子串 → 悬垂线夹 →（如方向不对时，可加挂 U 形挂环）
- └→ 直角挂板 → 球头挂板 → 球形绝缘子串 → 碗头挂板 → 悬垂线夹

三、拉线组装

电杆 → 拉线抱箍 → 二眼连板或延长环 → 楔形线夹 → 拉线（钢绞线）→

UT 形线夹 → 地锚拉杆 → 连接 U 形挂环 → 地锚拉（挂）环 → 地锚

安　全　歌

李逢春

事故频发伤害多，莫道事故无奈何，
若要认真去探索，请君听我安全歌。
抓安全、保安全，安全思想当领先，
安全第一不可偏，预防为主防未然。
人命关天人为本，居安思危钟长鸣，
防微杜渐不可轻，消灭事故萌芽中。
保安全要抓重点，人身安全事关天，
一切安全人为先，做好"四防"保安全。
一保安全防触电，"四大法宝"须齐全。
工作票、最关键，无票工作太危险，

工作票是护身符，电力作业不可无。
接地线是生命线，工作地段挂一圈。
安全帽是保护伞，防碰防砸防触电。
监护人是保护神，监护责任重千斤，
监护工作须认真，麻痹大意害死人。
防触电要抓重点，严防"三误"是关键，
防误入、防误碰，咋防误登记心中。
变电站的出线段，多条线路一大片，
平行接近太危险，一不小心错登杆，
此地段要认真看，确认名称再登杆，

作业人员须精干，专人监护保安全。

同杆架设多条线，停电检修最危险，
甲路停电乙供电，监护责任重泰山。

交叉跨越亦危险，多条线路上下穿，
架线松线放紧线，严防导线上下弹。

设备名称要齐全，杆号不清是隐患，
停电手续认真办，严禁约时停送电。

保安器、千千万，安装不投亦枉然，
勤检查、勤测验，双百投运保安全。

事故过后回头看，只因"三误"未防严，
防误还有两要点，验电监护最关键。

二保安全防车祸，一慢二看三通过。

驾车严禁把酒喝，无证驾驶车祸多。

勤查勤验勤维修，刹车灵敏车况优。

冰雪雨路要谨慎，中速行驶记心中。

十次肇事九次快，睹气开车不应该。

讲文明、讲礼貌，遵章守纪必做到。

三保安全防坠落，高空作业危险多，
登高之前多思索，事前检查不可没，
先查杆根深几何，再查工具妥不妥。

脚踩稳、手扒牢，一步一步慢登高，
到达位置第一要，安全皮带系牢靠，
防护措施要做到，戴好手套安全帽，
从容作业莫急躁，工具材料用绳吊，
杆上杆下互关照，监护责任要尽到。

四保安全防碰撞，倒杆经常把人伤，
电网改造拆旧线，方法不当常倒杆，
高压线、低压线，必然有个耐张段，
先上直线杆松线，两端耐张随后干，
登杆前、莫荒乱，检查杆根第一件，
杆基埋深要估算，防倒临时打拉线。

直线杆上人下杆，两端耐张再松线，

耐张松线有危险，不可突然剪断线，
莫违章、莫蛮干，听从指挥是关键。
拆除旧杆亦危险，开挖之前打拉线，
一边挖、一边看，远离杆下再倒杆。
线路稳固靠拉线，拉线作用非等闲，
拉线碍子防触电，一条拉线分两段，
碍子两端回头线，三麻两卡才安全。

麻卡不牢留隐患，一旦抽脱太危险，
倒杆断线且莫算，危及生命事关天。
电力工人常架线，危险与你常相伴，
切记教训和经验，严禁违章免祸端。
同行兄弟听我劝，牢记这段肺腹言，
在岗行为多检点，离岗退休心安然，
循章守规莫冒险，愿君永远保平安。

图书在版编目（CIP）数据

中低压配电网标准化作业指导书/陕西省地方电力
（集团）公司编．—北京：中国水利水电出版社，2006（2018.6重印）
ISBN 978 - 7 - 5084 - 3762 - 0

Ⅰ．中…　Ⅱ．陕…　Ⅲ．配电系统-技术-标准化　Ⅳ．
TM72 - 65

中国版本图书馆 CIP 数据核字（2006）第 042165 号

书　　　名	中低压配电网标准化作业指导书
作　　　者	陕西省地方电力（集团）公司　编
出 版 发 行	中国水利水电出版社 （北京市海淀区玉渊潭南路 1 号 D 座　100038） 网址：www. waterpub. com. cn E-mail：sales@ waterpub. com. cn 电话：(010) 68367658（营销中心）
经　　　售	北京科水图书销售中心（零售） 电话：(010) 88383994、63202643、68545874 全国各地新华书店和相关出版物销售网点
排　　版	中国水利水电出版社微机排版中心
印　　刷	北京合众伟业印刷有限公司
规　　格	184mm×130mm　横 32 开本　11.625 印张　261 千字
版　　次	2006 年 6 月第 1 版　2018 年 6 月第 4 次印刷
印　　数	23001—24000 册
定　　价	**38.00 元**

凡购买我社图书，如有缺页、倒页、脱页的，本社营销中心负责调换